Abdoulaye Kebe

Conception de centrales hybrides pour sites isolés: Cas du Sénégal

Abdoulaye Kebe

Conception de centrales hybrides pour sites isolés: Cas du Sénégal

Presses Académiques Francophones

Impressum / Mentions légales
Bibliografische Information der Deutschen Nationalbibliothek: Die Deutsche Nationalbibliothek verzeichnet diese Publikation in der Deutschen Nationalbibliografie; detaillierte bibliografische Daten sind im Internet über http://dnb.d-nb.de abrufbar.
Alle in diesem Buch genannten Marken und Produktnamen unterliegen warenzeichen-, marken- oder patentrechtlichem Schutz bzw. sind Warenzeichen oder eingetragene Warenzeichen der jeweiligen Inhaber. Die Wiedergabe von Marken, Produktnamen, Gebrauchsnamen, Handelsnamen, Warenbezeichnungen u.s.w. in diesem Werk berechtigt auch ohne besondere Kennzeichnung nicht zu der Annahme, dass solche Namen im Sinne der Warenzeichen- und Markenschutzgesetzgebung als frei zu betrachten wären und daher von jedermann benutzt werden dürften.

Information bibliographique publiée par la Deutsche Nationalbibliothek: La Deutsche Nationalbibliothek inscrit cette publication à la Deutsche Nationalbibliografie; des données bibliographiques détaillées sont disponibles sur internet à l'adresse http://dnb.d-nb.de.
Toutes marques et noms de produits mentionnés dans ce livre demeurent sous la protection des marques, des marques déposées et des brevets, et sont des marques ou des marques déposées de leurs détenteurs respectifs. L'utilisation des marques, noms de produits, noms communs, noms commerciaux, descriptions de produits, etc, même sans qu'ils soient mentionnés de façon particulière dans ce livre ne signifie en aucune façon que ces noms peuvent être utilisés sans restriction à l'égard de la législation pour la protection des marques et des marques déposées et pourraient donc être utilisés par quiconque.

Coverbild / Photo de couverture: www.ingimage.com

Verlag / Editeur:
Presses Académiques Francophones
ist ein Imprint der / est une marque déposée de
OmniScriptum GmbH & Co. KG
Heinrich-Böcking-Str. 6-8, 66121 Saarbrücken, Deutschland / Allemagne
Email: info@presses-academiques.com

Herstellung: siehe letzte Seite /
Impression: voir la dernière page
ISBN: 978-3-8381-4377-4

Zugl. / Agréé par: Paris Sud, 2013

Copyright / Droit d'auteur © 2014 OmniScriptum GmbH & Co. KG
Alle Rechte vorbehalten. / Tous droits réservés. Saarbrücken 2014

REMERCIEMENTS

Ce travail a été réalisée au Laboratoire de Génie Electrique de Paris, précisément au sein de l'équipe Conception Commande Diagnostic (CoCoDi) du département Modélisation et Contrôle des Systèmes électromagnétiques (MOCOSEM).

Au bout de trois de recherches, je tiens à témoigner toute ma gratitude et ma reconnaissance au Professeur Demba DIALLO mon directeur de thèse, et à mon encadreur, le Docteur Ghislain REMY. Leur orientation et encadrement ont été déterminants dans l'aboutissement de cette recherche travail.

Merci aux autorités du laboratoire à savoir le directeur le Professeur Fréderic Bouillault, le chef du département MOCOSEM, le Professeur Claude MARCHAND ; sans oublier l'ancien chef de département le Professeur Emérite Adel RAZEK, pour m'avoir admis dans leur structure me permettant ainsi d'effectuer mes travaux de recherches dans de bonnes conditions.

A mon attentionné directeur Dr Ibrahima WADE, sans oublier son prédécesseur, Pr. DIALLO, pour l'appui institutionnel et le soutien personnel constant, je dis merci.

Merci au Dr Saliou DIOUF qui m'a orienté et a établi le contact avec Demba rendant ainsi possible cette recherche.

A mes collègues du département STI de l'ENSETP, Baba, Sylvain, Youssoupha et Amadou, je réitère toute ma reconnaissance et ma fierté d'être et de travailler avec eux.

Merci aux membres de l'UGP du projet SN 101, Françoise, Maïmouna, Eliane, Aminata, Marie.

Grand merci aux doyens Ibou, Alioune, Fatou, Boubacar, Aliou et Babacar, pour leurs conseils avisés et leur soutien moral.

A tous les collègues/amis Cheikh, Biri, Dame, Ndiawar, Mike, Zack, Ibrahima, Dr. Ablaye, etc. et à tout le personnel de l'ENSETP, je dis merci.

DEDICACES

- *A feu mon père Daouda*
- *A ma mère Khoudia*
- *A ma femme Salimata*
- *A mes enfants*
- *A ma famille*
- *A mes amis*

Je dédie ce travail

Table des matières

CHAPITRE I

Introduction générale

La crise énergétique mondiale marquée par un renchérissement du prix du pétrole a durement compromis les efforts de plusieurs pays, notamment ceux en développement. Le prix du pétrole a quadruplé entre 2002 et 2008 en passant de 30 à 120 $ US. Cette crise est la conséquence de plusieurs facteurs combinés dont notamment: climatiques (vagues de froid, cyclones), techniques (extraction difficile), géopolitiques (baisse de production en Irak, tensions politiques au Moyen-Orient et au Nigéria), économiques (augmentation de la demande mondiale).

Ainsi, les consommations énergétiques, au cours du siècle dernier, ont considérablement augmenté eu égard à une industrialisation massive. Les besoins en énergie pour les années à venir ne feront que confirmer, voire amplifier, cette tendance, notamment compte tenu de l'évolution démographique et du développement industriel de certains pays en particulier asiatiques. La consommation totale d'énergie dans le monde s'élevait à 505 quadrillions (10^{15}) de BTU[1] (British Thermal Unit) en 2008. Elle sera de 619 milliards de BTU en 2020 et 770 milliards de BTU en 2035. Ce qui équivaut, en termes relatifs, à une croissance de 53% entre 2008 et 2035 selon les prévisions. La figure 1.1 ci-dessous illustre cette évolution [Doman-2011].

---

[1] BTU (British Thermal Unit) est une unité de puissance anglo - saxonne, il vaut 0,29 Watt

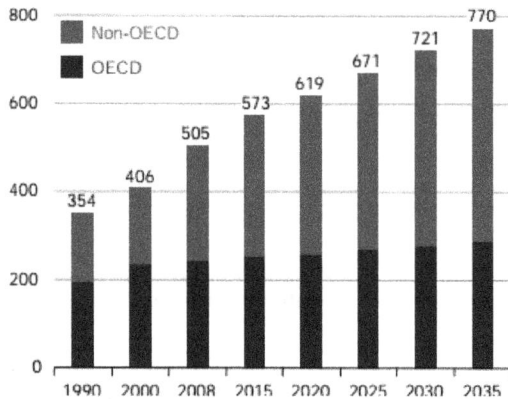

Figure1.1: Consommation énergétique mondiale de 1990 à 2035 (en quadrillion de BTU) [Doman-2011].

En Afrique subsaharienne, cette crise énergétique est venue s'ajouter à une situation déjà difficile pour la plupart des entreprises d'électricité. Ces entreprises, après une période faste des années 60 au milieu des années 80, connaissent une dégradation de leurs outils de production et de leur rendement économique. Ceci est dû essentiellement à deux types de phénomènes, l'un endogène, l'autre exogène :

- Pour les causes endogènes nous noterons une mauvaise gestion qui caractérise la plupart des entreprises nationales
- Pour ce qui est des raisons externes, nous signalons que les gains de productivité que devrait permettre la croissance de la production et des ventes d'électricité ont été, soit faibles, soit instables au cours des années. Certaines entreprises ont même connu des déficits avec l'apparition de chocs externes tels que la hausse des taux d'intérêt, celle du dollar et celle du prix du pétrole. Les coûts de production ont augmenté et faute d'être accompagnés d'une hausse des tarifs, ont plongé un grand nombre d'entreprises dans des situations financières extrêmement difficiles [Giro-2000].

Le Sénégal, à l'image des pays non producteurs de pétrole, n'est pas épargné par la crise énergétique. Loin s'en faut. En effet, à ces facteurs externes (donc non

6

contrôlables) s'ajoute la nécessité d'un investissement important pour atténuer le retard dans la mise en place d'infrastructures de production notamment.

Face à ce défi, le Sénégal, à l'instar de nombreux pays, a mis en place une nouvelle politique énergétique qui met l'accent sur les énergies renouvelables. Ces dernières, de par leur nature inépuisable, constituent une alternative face à la raréfaction et au renchérissement des ressources conventionnelles, notamment le pétrole. Pour mener à bien cette politique, des axes sont dégagés, à savoir :

- Garantir la sécurité énergétique et accroître l'accès à l'énergie pour tous
- Développer le « Mix Energétique[2] » comme base de sortie de crise économique en associant le charbon, le gaz naturel, l'hydroélectricité, les interconnexions et les énergies renouvelables
- Poursuivre et accélérer la libéralisation du secteur
- Améliorer la compétitivité du secteur
- Accélérer la réforme des cadres règlementaires et de gouvernance
- Apporter les innovations nécessaires en vue d'accroitre le flux financier dans le secteur, etc. [Ndiaye et al-2012].

Cette lettre de politique constitue une certaine continuité par rapport à la précédente (celle de 2008 à 2012) à bien des égards. Elle fait de l'électrification rurale une priorité et de surcroit fait la promotion des énergies renouvelables. Dans ce domaine précis, beaucoup d'efforts ont été faits, mais le constat est que le taux de pénétration des énergies renouvelables malgré des potentialités réelles est encore faible (3% seulement de photovoltaïque pour l'électrification rurale en 2009).

La mise en œuvre de site de production requiert la prise en compte de nombreux facteurs, parmi lesquels le caractère aléatoire de la ressource. Le recours à l' « hybridation » des ressources pour exploiter au mieux le potentiel énergétique du site constitue une difficulté supplémentaire pour le concepteur.

---

2 Mix énergétique : concept qui consiste à diversifier les sources d'énergie et ne plus dépendre d'une seule ressource

Cette « hybridation », thème de notre travail de recherche, fait l'objet de plusieurs travaux de recherches scientifiques. L'objectif principal de ce livre est de dégager une méthodologie de conception et de commande d'un site isolé de production d'énergie électrique à partir des énergies alternatives. Plus précisément, il s'agit, à partir des caractéristiques d'un site :

- d'analyser les besoins
- de quantifier les ressources énergétiques disponibles
- de choisir une architecture pour le réseau
- de pré-dimensionner de façon optimale l'ensemble des constituants du réseau en tenant compte des objectifs et des contraintes technologiques, environnementales et économiques
- de simuler et d'analyser les performances en fonction des paramètres fixés

Cette démarche inclut également la commande du système et la gestion efficace du flux d'énergie en fonction de la demande. Beaucoup d'outils de pré-dimensionnement et simulation notamment ont été analysés dans le cadre de ce travail. Plusieurs d'entre eux malgré des performances avérées ne nous permettent pas d'atteindre notre double objectif, à savoir : le dimensionnement et la commande des micro-réseau sur site isolé. Il apparait de ce postulat, que le principal défit à relever est de disposer d'un outil de conception (dimensionnement et commande) ouvert, intégrant toutes les sources d'énergies. Cet outil doit permettre à l'utilisateur d'agir sur les principaux paramètres afin de pouvoir analyser les différents scénari qui peuvent se présenter et ceci dans un délai raisonnable. Pour ce faire, nous nous sommes appuyés sur les nombreux travaux de recherche sur la modélisation, l'optimisation sous contraintes et la commande des systèmes de production d'énergie électrique avec des sources renouvelables. En effet nous allons utiliser des modèles de niveaux de complexité différents selon les objectifs, des constituants dont le fonctionnement met en jeu plusieurs domaines de la physique (électrique, thermique et mécanique par exemple) et associer ces modèles pour construire le système. C'est donc une approche nécessairement multiphysique et multidomaine. Le coût des investissements, d'exploitation et de la maintenance a été pris en compte lors de la phase de conception et d'optimisation des caractéristiques des équipements et de la structure du réseau. De plus, lors du fonctionnement, la recherche de l'efficacité énergétique du système a nécessité des algorithmes de contrôle qui maximisent la puissance produite en minimisant les pertes et les contraintes sur les composants ; d'où donc une « approche système » du sujet.

Ce livre comprend trois chapitres :

- Le chapitre 1 pose la problématique de l'énergie en général et du cas particulier du Sénégal notamment l'électrification en milieu rural,
- Le chapitre 2 fait un focus sur la modélisation et la commande avec une étude comparative des différents outils-logiciels,
- Le chapitre 3 traite de la conception et du pilotage d'un site isolé de production d'énergie électrique avec une application sur le site de MBoro/Mer au Sénégal.

Enfin, nous tirerons les conclusions générales et dégagerons des perspectives.

CHAPITRE 1

Situation de l'énergie au Sénégal

1.1. Introduction

Le Sénégal, à l'image des pays non producteurs de pétrole, subit de plein fouet la crise énergétique mondiale. Cette crise caractérisée par une hausse exceptionnelle du cours du baril de pétrole et ce, pendant une durée jamais égalée (en 2008 le prix du baril avait dépassé la barre des 120 $ US contre environ 30$ US en 2002). Cette situation trouve son explication dans la forte dominance des produits pétroliers. Le taux d'indépendance en énergie moderne (hors biomasse traditionnelle) est très faible, de l'ordre de 1,05% en 2009. Il est de 55% si on prend en compte la biomasse (voir figure 1.2)!

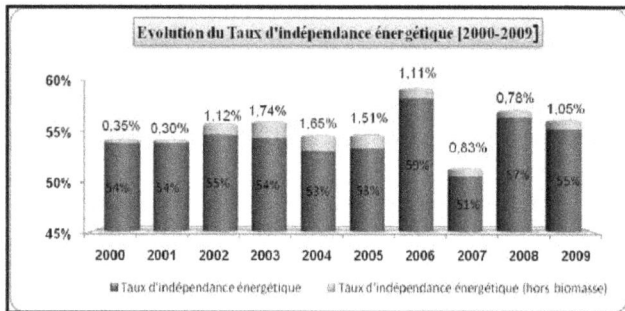

Figure1.1: Evolution du taux d'indépendance énergétique de 2000 à 2009 [SIE-2010]

En effet, à part l'énergie hydroélectrique produite depuis Manantali (au Mali) dans le cadre de l'OMVS3 (264GWh/800 GWh productibles répartis entre le Mali, le Sénégal et la Mauritanie avec respectivement 52%, 33% et 15%); et une production marginale de gaz naturel (de 15 millions de m^3/an), les produits pétroliers entièrement importés, satisfont l'essentiel des besoins en énergie du pays. La production d'électricité est essentiellement réalisée à partir de produits

---

[3] OMVS : Organisation pour la mise en valeur du fleuve Sénégal regroupant le Sénégal, la Mauritanie, le Mali et maintenant la Guinée

10

pétroliers (36% de la consommation nationale des produits pétroliers). Les figures 1.3a et 1.3b illustrent cette réalité [Sarr et al_2008].

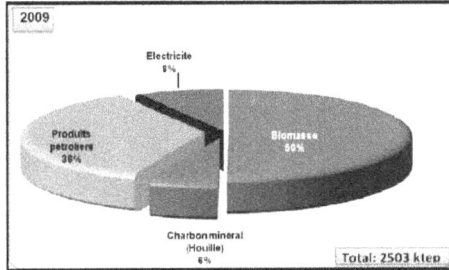

Figure 1.3 a: Consommations finales totales par type d'énergie [SIE-2010]

Figure1.3b: Part de chaque combustible dans la production de SENELEC [SIE-2010]

Pour le sous-secteur de l'électricité, on a noté un accroissement très important de la demande, notamment celle de la clientèle basse consommation[4]. Aussi, le taux d'électrification a connu une nette progression. Au niveau urbain, il était de 87 % en 2009, alors qu'en milieu rural, il s'élève à 24 %. Cela donne, au total, un taux d'électrification nationale de l'ordre de 54 %, (voir figure 1.4) contre une moyenne mondiale de 60 % [SIE-2010].

---

[4] Les ménages, les personnes privées, les organisations et les professionnels dont les besoins n'excèdent pas 34 kilowatts : artisans, petits commerces, etc.

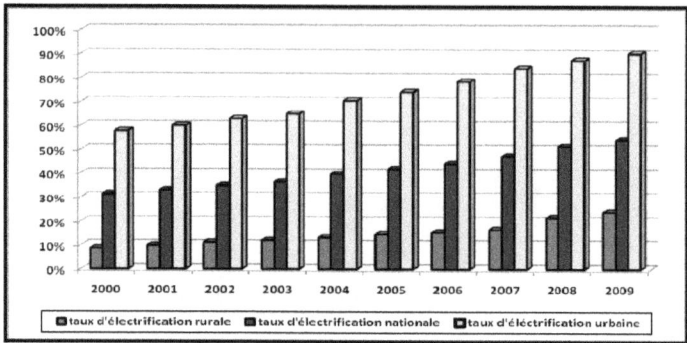

Figure1.4: Evolution du taux d'électrification de 2000 à 2009

[SIE-2010]

A cette forte demande, s'ajoute la non disponibilité de certains groupes de production, à cause de la vétusté des équipements et des problèmes de maintenance. Cela s'est traduit par un rendement extrêmement faible de l'unité de production (voir figure 1.5).

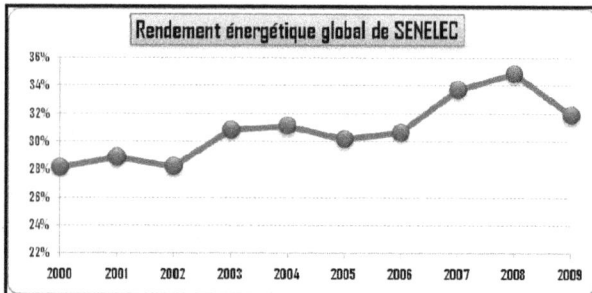

Figure1.5: Rendement énergétique global SENELEC [SIE-2010]

Pour pallier ce déficit, la Société Nationale d'Electricité (SENELEC) a dû aussi recourir à la location de groupes de production dont le prix de revient dépasse le prix de vente du kilowattheure (97 F CFA ou 0,14€/kWh de prix de revient contre 91 F CFA donc 0,13€ à la vente).

En ce qui concerne l'électrification rurale, nous pouvons noter une certaine satisfaction quant aux objectifs fixés. Nous rappelons que le taux d'électrification rurale était de 24% en 2009 pour un objectif de 15% en 2015.

Pour arriver à ce résultat, l'Etat du Sénégal a engagé, à travers notamment l'ASER[5], l'application de la stratégie énergétique définie dans la LPDSE[6] de 2003 par l'exécution d'importants travaux préparatoires, la pérennisation du financement à travers la mise en place du Fonds d'électrification rurale et l'octroi d'avantages aux promoteurs privés. Ainsi, le pays est divisé en 10 concessions à attribuer à des opérateurs privés.

Cependant, les énergies renouvelables n'ont pas eu toute l'attention requise de la part des autorités. Le taux de pénétration des énergies renouvelables (le photovoltaïque notamment) est très faible (environ 0,4% de la production totale). Les réalisations sont donc très modestes et certaines d'entre elles sont restées à l'état d'expérimentation ou de projets.

Dans ce présent chapitre, nous traiterons:
- de la situation du sous-secteur de l'électricité au Sénégal dans son organisation et son évolution,
- des grandes lignes de la politique énergétique en vigueur, avec notamment la place des énergies renouvelables dans la nouvelle orientation de cette politique énergétique,
- du potentiel en énergie renouvelable du Sénégal,
- des configurations des micro-réseaux en général et celles qu'on rencontre au Sénégal.

1.2. Sous-secteur de l'électricité

Le sous-secteur de l'électricité est caractérisé par une consommation en électricité qui n'est que de 8% du total d'énergie, loin derrière la biomasse (50%) et les produits pétroliers (36%). Le reste est constitué du charbon minéral (houille), utilisé exclusivement par certains industriels avec 6% (voir figures 1.3a et 1.3b) [SIE-2010].

---

5 Agence sénégalaise d'électrification rurale créée en 1998
6 Lettre de politique de développement du secteur de l'énergie initiée en 2008 et remplaçant celle de 2003

La production d'électricité se fait essentiellement à partir de produits pétroliers, avec près de 600 000 tonnes consommées par an. A ce titre, la facture pétrolière du Sénégal est passée de 184 milliards de FCFA (soit 280 506 192 €) en 2000 à environ 400 milliards de FCFA (soit 609 796 069 €) en 2009, avec un pic de plus de 600 milliards de FCFA (soit 914 694 103 €) en 2008 [SIE-2010]. Ces chiffres représentent 25% à 35% du budget national du pays en 2008 (1652 milliards de FCFA, équivalant à 2 518 457€).

De plus, la forte demande de la clientèle basse tension (usagers domestiques notamment) croît à un taux annuel supérieur à 6% et les capacités de production additionnelles ont été insuffisantes. Cela induit des déficits de production, en raison en particulier des retards dans la mise en place de nouveaux groupes de base. A cela s'ajoute que, la capacité de l'offre a été grevée par la baisse de la disponibilité des unités de production (de 77 à 70% entre 2003 et 2006), à cause de la vétusté des équipements et des problèmes de maintenance. La figure 1.5 donne l'évolution du rendement énergétique global de la SENELEC de 2000 à 2009 [SIE-2010].

Tous ces facteurs cumulés avec un mode de régulation tarifaire assez pénalisant pour SENELEC et avec le recours à des financements coûteux (faute de ressources concessionnelles[7]), ont abouti à un déficit entre 2005 et 2006 de plusieurs milliards de F CFA, selon le rapport de l'audit commandité par le Ministre de l'énergie en 2010.

Aujourd'hui, nous pouvons dire en guise de synthèse que le sous-secteur de l'électricité est confronté à de grands défis qu'on peut résumer en deux axes:

- Planifier rigoureusement l'infrastructure électrique afin qu'elle satisfasse quantitativement et qualitativement les besoins de la demande, tout en optant pour des choix énergétiques et technologiques garantissant la

---

[7] Crédits accordés par l'Association Internationale de Développement (IDA), institution membre du Groupe de la Banque Mondiale ; ces crédits ne portent pas intérêt et sont assortis de longs différés d'amortissement et délais de remboursement.

compétitivité du système électrique sénégalais, et minimisant l'impact sur l'environnement.

- Permettre à des opérateurs indépendants de s'introduire dans le marché, tant au niveau de la production que celui de la distribution, afin de le dynamiser et de favoriser la concurrence et l'amélioration du service [SIE-2010].

1.3. Le réseau électrique national

La distribution de l'énergie électrique au Sénégal est assurée par la SENELEC, société d'état créée en 1983 après la nationalisation de la Compagnie des Eaux et Electricité de l'Ouest Africain (EEOA). Elle intervient sur les trois segments à savoir :

- la production (avec la participation de privés)
- le transport (monopole)
- la distribution (monopole)

1.3.1. La production

Elle se fait à partir de centrales essentiellement thermiques ou au diesel. La puissance installée est de l'ordre de 686,5 MW (en 2010), mais en raison de problèmes liés à l'obsolescence de l'outil de production, la puissance assignée n'est que de 540MW [Kane-2012]. Cette puissance englobe la production propre à la SENELEC et celle des producteurs indépendants. Le tableau 1.1 ci-après résume la puissance installée en mars 2013.

Tableau 1.1: Puissances installée en mars 2013 [SENa-2013]

Centrales	Puissance (MW)	Part en 2013 (%)
SENELEC	552	65,9%
GTI (Greenwich Turbine Inc)	52	6,2%
Manantali	81	9,6%
Location	85	10,1%
Kounoune Power	68	8,1%
Total	838	100%

Ce tableau montre que sur l'ensemble de la puissance installée, la SENELEC ne dispose que d'une production propre de 66%. Le reste provient de producteurs indépendants ou de la location d'unités de production.

Les sites de production sont répartis comme suit :

- Bel-Air (Dakar) avec les centrales C1, C2 et C6

- Cap des Biches (Dakar) avec la centrale C3 et C4

- Kounoune (Dakar)

- Kaone (Région de Kaolack) avec Kaone1 et Kaone2

- Boutoute (Ziguinchor)

- Saint Louis

- Tambacounda

- Kolda

- Les sites isolés dans les régions de Kaolack, Kolda, Tambacounda et Kédougou.

La figure 1.6 montre entre autres l'emplacement de ces sites de production.

16

1.3.2.   Le transport

Le transport de l'énergie électrique se fait à travers deux réseaux : le réseau interconnecté et le réseau non interconnecté. Ces deux réseaux nationaux coexistent avec un autre dit « supranational » (partagé avec le Mali et la Mauritanie). Les tensions mises en jeu sont de 90kV (réseau national) et 225kV (réseau supranational).

Le réseau national est constitué de :
-   327,5 kms de lignes 90 kV
-   8 postes de transformation 90/30 kV

Le réseau supranational (225 kV) s'étend sur 945 kms provenant de Manantali (Mali) à Tobène en passant par Matam, Dagana et Sakal. Il alimente les 4 postes de ces localités. L'interconnexion avec la Mauritanie est réalisée à partir du poste de Dagana. La figure 1.6 montre l'étendue de ce réseau de transport.

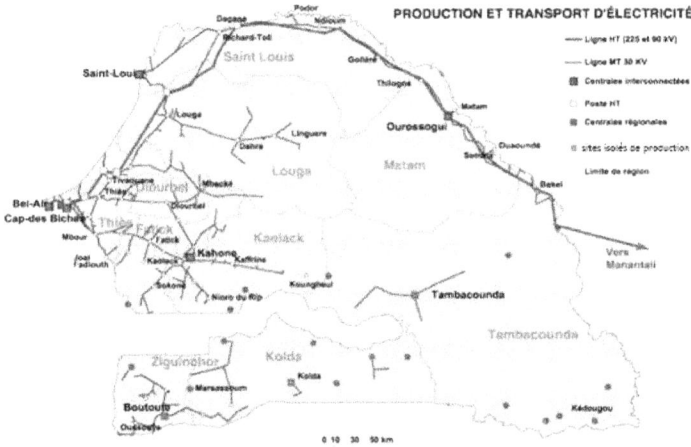

Figure 1.6: Carte du réseau SENELEC (production et transport) [SEN-2013]

1.3.3.   La distribution

Le réseau de distribution assure l'alimentation des clients. On distingue principalement 3 types de clients : les clients Haute Tension (2 industries : ICS et SOCOCIM) , les clients Moyenne Tension (industriels en général) et les

17

clients Basse Tension (résidences et services). Pour ce faire, la SENELEC dispose d'un système comprenant :

- Un réseau Haute Tension (90kV)
- Un réseau Moyenne Tension (30kV et 6,6kV)
- Un réseau Basse Tension (380V/220V et 220V/127V)

Le réseau Moyenne Tension est issu des postes de transformation du réseau de Haute tension (90 kV). Les postes sources de transformation 90kV/30kV délivrent l'électricité Moyenne Tension à la ville de Dakar, à sa région, et à toutes les régions à l'exception de Ziguinchor, de Kolda et de Tambacounda qui sont alimentées par des centrales régionales et des centres secondaires de production d'énergie électrique. Pour le cas de Dakar, le réseau est constitué de 737 kms (406 kms en 30kV et 331 kms en 6,6kV). Le tableau 1.2 suivant donne les caractéristiques de ce réseau.

Tableau 1.2: Caractéristiques du réseau de distribution de Dakar
[SEN-2013]

Longueur des lignes		Structures des lignes
30kV	406km	Les lignes sont soit souterraines, soit aériennes. Dans le second cas, elles
6,6 kV	331km	s'appuient sur des poutrelles en acier, des poteaux en bois et des poteaux en
Total	737km	acier

Le tableau 1.3 suivant présente les types de postes de transformation dans la région de Dakar.

Tableau 1.3: Types et nombre de postes de transformation dans Dakar [SEN-2013]

Liste des postes de transformation 30kV/6,6kV	Type et nombre de postes de transformation	
Usine des eaux	Postes clients	594
Université	Postes mixtes	38
Centre-ville	Postes publics	669
Aéroport Yoff	Postes de manœuvre	4
Thiaroye	Total	1305

Pour le reste du pays, le réseau a une longueur de 4738 kms. Il se répartit ainsi (voir tableau1.4):

Tableau 1.4: Types et nombres de postes de transformation dans le reste du pays

Longueur des lignes		Type et nombre de postes de transformation	
30kV	4190 km	Postes clients	225
6,6kV	536 km	Postes mixtes	66
5,5kV	8 km	Postes publics	881
4,16kV	4 km	Postes de manœuvre	11
Total	4738 km	Total	1483

L'analyse globale du réseau SENELEC montre que la production SENELEC est à base de pétrole comme souligné dans ce chapitre. L'essentiel de la production (90%) concerne le réseau interconnecté (RI). Ce réseau alimente l'ouest et le nord-ouest du pays. Le reste de la production est issu du réseau non interconnecte (RNI) avec les centrales régionales de Tambacounda et de Boutoute (Ziguinchor) et près de 26 centres isolés.

En termes de desserte, les régions de l'ouest et du centre bénéficient d'une distribution assez dense de l'électricité. Par contre, les régions les régions situées au centre, au sud et à l'est du pays ne sont pas bien couvertes en termes de service de l'électricité. Une analyse plus fine de la situation montre aussi qu'à l'exception des centres urbains, seuls les villages démographiquement importants (en règle générale plus de 1000 habitants) bénéficient d'une connexion au réseau. Il faut aussi noter l'existence de plusieurs sites en zone rurale alimentés grâce aux énergies renouvelables. Dans le paragraphe qui suit, nous verrons les réalisations en matière d'électrification rurale, notamment les zones qui en bénéficient.

1.4. L'électrification rurale

La situation de l'électrification rurale peut s'analyser sur deux grandes périodes : l'avant 2000 et l'après 2000. La période avant 2000 était marquée par des faiblesses sur le plan institutionnel dues essentiellement:

- à la situation de monopole public (pas d'incitations ou de cadre attrayant pour le secteur privé),
- à une très mauvaise allocation des ressources,
- à l'absence d'une vision à long terme pour le développement de l'électrification rurale

Les conséquences de cette situation ont été :

- un faible accès à l'électricité dans les zones rurales: en 1997, le taux d'électrification rurale était de 5% ;
- un échec en termes d'accès à l'électricité, et d'impact sur la réduction de la pauvreté [Niang-2006].

Le début des années 2000 a constitué un tournant dans l'amélioration de la prise en charge de l'électrification rurale. Cette nouvelle stratégie est marquée par l'affirmation du caractère prioritaire et spécifique de l'électrification rurale : premièrement, il est désormais admis qu'elle relève à la fois du secteur marchand et de l'équipement rural. Le deuxième axe de cette stratégie vise donc à situer l'électrification rurale dans une perspective de développement économique et social durable, par une exigence de reproductibilité et de viabilité technique et économique dans le montage des opérations.

Pour concrétiser cela, furent créées en 1998, l'Agence Sénégalaise d'Electrification rurale (ASER) et la Commission de Régulation du Secteur de l'Energie (CRSE). L'ASER, dans sa lettre de mission, ciblait un taux d'électrification rurale de 50 % à l'horizon 2012. Cet objectif est repris dans la Lettre de Politique de Développement du Secteur de l'Energie (LPDSE) de 2008 [Sarr et al-2008]. Il faut préciser que dans le programme pluriannuel (2002-2022) d'électrification rurale, à savoir le Programme d'Actions Sénégalais d'Electrification Rurale (PASER), les objectifs initiaux étaient des taux de 30%

en 2015 et 62% à l'horizon 2022. Les missions et moyens d'action de l'ASER et de la CRSE sont détaillés dans le paragraphe suivant.

1.4.1. Organisation institutionnelle

La gestion de l'électrification rurale au Sénégal est une compétence du Ministère en charge de l'énergie, avec comme bras technique l'ASER depuis la réforme de 1998. Cette réforme avait pour but de créer un cadre institutionnel et règlementaire propice à l'implication du secteur privé dans l'électrification du pays, en particulier en milieu rural. La mission principale de l'ASER est de promouvoir l'électrification rurale, en fournissant l'assistance technique et financière aux structures privées intervenant dans le sous-secteur.

Elle s'appuie pour cela sur deux outils :

• le Programme Prioritaire d'Électrification Rurale (PPER), adopté comme cadre de mise en œuvre du programme d'électrification rurale de l'Etat,

• des projets d'Électrification Rurale à Initiative Locale (Projets ERILs), portés par des opérateurs locaux (collectivités locales, associations de consommateurs ou d'émigrés, groupements villageois et autres associations communautaires de base), qui sont appuyés à l'intérieur des concessions du programme prioritaire.

Le principe de concession a été adopté et les bénéficiaires (privés) se voient confier le monopole de la production, de la distribution et de la vente d'électricité pour des périodes définies comme suit : concession de distribution (25 ans), licence de production (15 ans), licence de vente (15 ans). Selon les circonstances, l'énergie distribuée pourra provenir du réseau SENELEC, de groupes de production autonomes, de systèmes individuels par abonné (équipements photovoltaïques, en particulier) ou d'autres systèmes d'énergies renouvelables.

L'attribution de concession est faite à l'issue d'une consultation publique, par approbation du Ministère en charge de l'énergie, de la CRSE et des bailleurs de fonds concernés. La CRSE a pour mission, comme son nom l'indique, de réguler le secteur de l'énergie en veillant au respect de la règlementation en vigueur, en organisant la concurrence et en fixant les tarifs de l'électricité.

Il apparait alors que SENELEC est considérée comme opératrice (concessionnaire) et que sa zone d'action se limite aux villes et aux zones rurales déjà électrifiées avant la réforme.

La figure 1.7 montre la cartographie des concessions ciblées avec les partenaires au développement. Leur réalisation a accusé un retard important (6 seulement sont en cours), ce qui compromet la réalisation des objectifs en matière d'électrification rurale (50% en 2012).

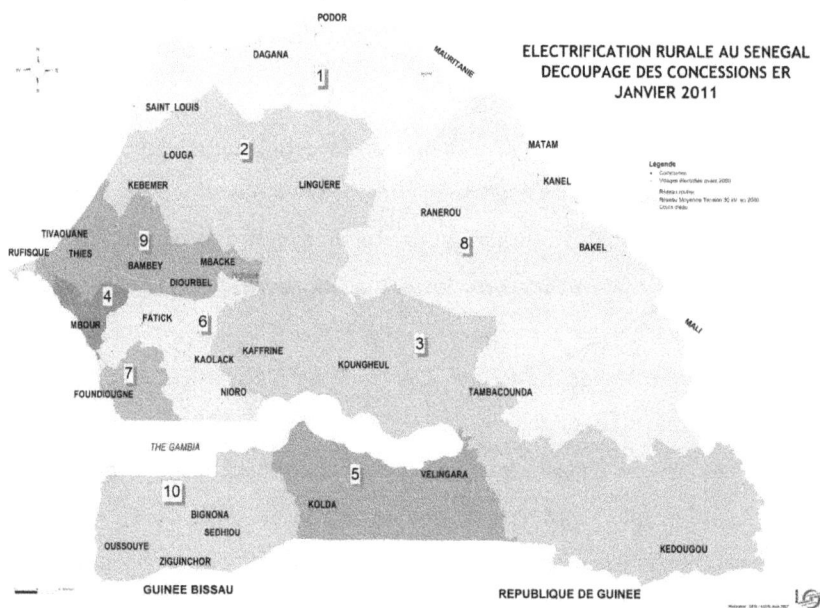

Figure1.7: Cartographie des concessions ciblées par les partenaires au développement [ASER-2013]

Le tableau 1.5 indique les 10 concessions, les entreprises adjudicataires et l'état de leurs exécutions.

Tableau 1.5: Etat des concessions attribuées [Sow-2010]

Concession d'Electrification Rurale	Concessionnaire	Etat d'exécution
1. Saint Louis-Dagana-Podor	ONE (Office National d'Electricité du Maroc) qui a créé une entreprise de droit sénégalais (COMASEL, Saint Louis)	En cours d'exécution
2. Kebemer-Louga-Linguère	ONE (Office National d'Electricité du Maroc) qui a créé une entreprise de droit sénégalais (COMASEL, Louga)	En cours d'exécution
3. Kaffrine-Tamba-Kédougou	Groupement EDF (France)/MatForce (Sénégal) qui a créé une entreprise de droit sénégalais (ERA)	Travaux non encore démarrés (réalisation de projet pilote, phase test)
4. MBour	Groupement STEG (Tunisie)/LCS (Sénégal)/Coselec (Sénégal) qui va créer une entreprise de droit sénégalais	Travaux non encore démarrés
5. Kolda-Vélingara	Groupement ENCO (Sénégal)/ISOFOTON (Filiale Espagnole) qui va créer une entreprise de droit sénégalais	Travaux non encore démarrés
6. Fatick-Gossas-Kaolack-Nioro	Concessionnaire Groupement ENCO (Sénégal)/ISOFOTON (Filiale Espagnole basée au Maroc) qui va créer une entreprise de droit sénégalais pour la gestion de la concession	Travaux non encore démarrés
7. Foundiougne	Non encore attribuée	
8. Bakel - Ranérou - Kanel - Matam	Non encore attribuée	
9. Thiès-Rufisque-Tivaouane-Diourbel-Bambey-Mbacké	Non encore attribuée	
10. Ziguinchor-Oussouye-Bignona-Sédhiou	Non encore attribuée	

1.4.2. Evolution

L'électrification rurale au Sénégal connait une évolution favorable depuis de nombreuses années (voir tableau 1.6). En effet, son taux est passé de 8,6 à 23,8 % entre 2000 et 2009. Cette électrification concerne aussi bien le renouvelable que le conventionnel. Ce taux varie d'une région à une autre. On note que les régions périphériques sont les moins électrifiées, du fait de leur éloignement par rapport au réseau interconnecté. Aussi, la région de Diourbel est la plus électrifiée en raison de la prise en compte de l'agglomération très peuplée (2ème après Dakar) de Touba, considérée comme zone rurale [SIE-2010].

Tableau 1.6: Evolution de l'électrification rurale de 2000 à 2009 [SIE-2010]

Zone rurales des régions	2000 %	2001 %	2002 %	2003 %	2004 %	2005 %	2006 %	2007 %	2008 %	2009 %
Diourbel	21,7	23,9	26,3	27,7	29,8	32,1	33,1	35,7	40,7	45,5
Fatick	11,6	12,2	12,4	12,4	26,1	29,2	29,9	31,2	35,1	38,6
Kaffrine										4,8
Kaolack	4,7	5,8	6,4	6,8	9,2	9,6	11,2	9,1	10,5	19,4
Kédougou										4,3
Kolda	1,1	1,5	1,8	2,2	2	2,7	3,3	2,8	4	4,7
Louga	7,6	9,1	10	11,1	10,7	11,8	12,8	13,7	18,8	20,5
Matam	9,1	10,9	13,7	15,9	11,6	13,1	14,2	16,4	19,8	21
Saint Louis	6	7,9	9,8	11,2	10,2	11,5	9,4	14,5	17,8	19,3
Sédhiou										8%
Tambacounda	1,3	1,6	1,9	2,2	4,5	5,2	5,2	4	6	9
Thiès	12	13,4	15	16,5	12,1	13,6	15,3	17,4	30,6	33,2
Ziguinchor	2	3	3	4	4	6	7	10	13	16,1
Total	8,6	9,8	11	12	13,1	14,6	15,4	16,6	21,6	23,8

1.4.3. Réalisations

Comme nous l'avons dit dans les paragraphes précédents, l'alimentation des zones rurales au Sénégal se fait progressivement en fonction de quatre modalités :

- connexion au réseau public de SENELEC,
- groupes électrogènes autonomes
- systèmes individuels par abonné (PV notamment)
- mini centrale autonome sur base d'énergies renouvelables.

Ainsi depuis 2000, avec l'attribution de concessions et l'implication de bailleurs de fonds, plusieurs projets ont pu voir le jour. Le tableau 1.7 ci-dessous donne la synthèse de ces réalisations.

Tableau 1.7: Principales réalisations de l'ASER et autres ERILs depuis 2000

Nom du projet	Type d'installation	Puissance installée	Commentaires
Electrification du Delta du Saloum (Financement Royaume d'Espagne)	- Systèmes Photovoltaïques Familiaux (SPF) - 9 Centrales hybrides (PV+GE[8])	- 500KWc - 145KWc	Ce programme a permis de fournir à 10 000 ménages des SPF de 50Wc/système et d'alimenter 10 Villages centres par des centrales solaires avec un réseau de distribution BT. Il a permis de fournir l'accès à l'électricité à une population totale d'environ 140 000 habitants correspondant à près de 13 400 ménages vivant dans 286 villages.
Projet d'électrification d'infrastructures sociales et d'implantation de lampadaires solaires (Financement Royaume d'Espagne) (figure 1.9)	- 662 Systèmes PV communautaires - 2648 lampadaires Solaires	- 225KWc - 198,6KWc	Ce projet a consisté en l'installation de systèmes photovoltaïques de 340Wc dans 662 infrastructures communautaires réparties à travers le territoire national et en l'implantation de 2648 lampadaires solaires
Projet d'implantation de lampadaires solaires PV dans toutes les régions du Sénégal (Financement Etat du Sénégal)	1000 Lampadaires Solaires	75KWc	Ce projet a permis de faire bénéficier à 116 Villages de l'éclairage public par voie solaire PV
Electrification par Kit solaire PV dans la Communauté Rurale de Wack Ngouna (Financement Etat du Sénégal)	300 Systèmes PV Familiaux de 75Wc	22,5KWc	Ce projet a permis de fournir l'accès à l'électricité à 300 ménages
Projet ERSEN (exécuté conjointement par ASER & PERACOD) sur financement Néerlandais par le biais de la Coopération technique allemande – GTZ	- 960 Systèmes photovoltaïques familiaux - 120 Systèmes PV Communautaires - 200 Lampadaires	- 52,8KWc - 6,6KWc	Programme de test des procédures de mise en œuvre de projets ERILs dans les régions de Kaolack et de Ziguinchor par la réalisation de deux projets pilotes. Electrification de 26 villages par région par Systèmes Photovoltaïques Familiaux et centrale solaire mixte (PV/Diesel)

---

[8] GE : Groupe électrogène

solaires		
16 Centrales hybrides (PV+GE)	- 11KWc - 80KWc	
Projet pilote d'électrification rurale à Sine Moussa Abdou dans le département de Tivaouane Avec INENSUS et MATFORCE WA, EWE AG et le programme PERACOD à travers un cofinancement des Pays Bas. (figure 1.8).	- 1 éolienne - 1 champ PV - 1 groupe électrogène (prévu)	- 5kW - 5kWc	Dans la phase de démarrage du projet, il est prévu que 65 consommateurs (ménages, ateliers et infrastructures sociales) bénéficieront de l'électricité. La distribution est en triphasé permettant aux consommateurs utilisant l'électricité à des fins productives de bénéficier d'un raccordement. Un groupe électrogène est prévu pour fonctionner pendant les heures de pointe.
Projet pilote d'électrification rurale à Kalom dans le département de Fatick par le biais de la coopération avec la Fondation allemande Stadtwerke Mainz.	Biomasse à l'aide des coques d'arachide et tiges de mil sèches	32 kW (15kW exploités pour le moment)	D'un coût de 130 millions de francs CFA (environ 198 000 euros), ce projet permet d'alimenter l'éclairage, et l'ensemble des matériels à usage électrique, notamment un moulin à mil du village qui compte 1.300 habitants répartis sur 115 concessions.

Figure1.8: Centrale hybride de Sine Moussa Abdou   Figure1.9: Eclairage public réalisé par panneau solaire

L'analyse des réalisations en matière d'électrification rurale permet de voir que la solution la plus utilisée pour alimenter les zones rurales est la voie conventionnelle (groupe électrogène ou connexion au réseau national). En effet 400 villages ont pu être connectés par le biais de cette voie, tandis que 336 l'ont été par voie solaire photovoltaïque. En matière de solution technologique utilisée, la tendance est l'hybridation avec une combinaison PV+ GE.

Pour la biomasse, seul un projet d'envergure a été réalisé avec une puissance de 32kW.

En termes de réalisation d'éclairage par voie solaire, on peut dire que beaucoup d'agglomérations du pays (y compris la capitale Dakar) en bénéficient. Plus de 3600 lampadaires ont été posés.

Pour le financement de ces projets, en plus de l'Etat à travers son budget national, on note la participation de partenaires techniques et/ou financiers tels que l'Espagne, l'Allemagne, et les Pays Bas. A noter aussi de ce point de vue, l'implication de plus en plus importante des associations et collectivités locales à travers ce qu'on appelle ERIL (Electrification Rurale Initiative Locale). C'est le cas notamment du projet d'électrification rurale de Sine Moussa dans le département de Tivaouane.

D'autres projets sont en cours, parmi eux, on peut citer :

- La centrale solaire de Ziguinchor de 7MW avec le Groupe Cic Solar en relation avec le Conseil Régional: les études sont déjà faites et la réalisation reste conditionnée à un accord avec la SENELEC sur le prix de cession du kWh,
- La centrale éolienne de Saint Louis d'une capacité de 50MW avec la coopération allemande,
- La centrale éolienne de Taïba Ndiaye avec comme promoteur SARREOLE, d'une puissance de 125 MW,
- La centrale éolienne de Kayar avec la GTZ, d'une puissance de 10,2 MW. Les études de vent et de faisabilité sont déjà faites,
- La centrale éolienne de Potou avec la GTZ, pour une puissance 10,2MW, les études de vent et de faisabilité étant déjà faites,
- La centrale éolienne INFRACO avec le promoteur INFRACO, d'une puissance de 40 à 60 MW à Leona et dans la zone de MBoro,
- Projet d'installation de 640 Systèmes Photovoltaïques Familiaux (48KWc), de 124 lampadaires solaires (9,3KWc) et de 496 Systèmes solaires communautaires dans les régions de Ziguinchor, Sédhiou et Kolda et de Systèmes Communautaires (148,8KWc) à l'échelle nationale sur financement de l'Inde,
- Projet d'électrification des îles de la Casamance : 742 Systèmes Photovoltaïques Familiaux (5,4 kWc), 18 systèmes communautaires, 178 lampadaires solaires (13,35KWc), et 02 Centrales solaires hybrides (PV+GE) (60kWc) sur financement du royaume d'Espagne,
- Concession Saint Louis – Dagana – Podor : 5719 Systèmes Photovoltaïques Familiaux (406,45 kWc) sur financement de la Banque Mondiale,
- Projet ERSEN 2 avec le PERACOD par le biais de la coopération technique allemande (GTZ) : 1900 Systèmes Photovoltaïques Familiaux (105kWc), 200 systèmes communautaires (11kW), 240

lampadaires solaires (18kWc), et de 40 centrales hybrides (PV+GE) (200KWc) sur financement des Pays Bas.

La plupart de ces projets, qui impliquent la cession de l'énergie à SENELEC (Centrale solaire de Ziguinchor, centrales éoliennes de Saint Louis, Kayar, MBoro, Taïba Ndiaye, Potou) subissent des blocages. Ces blocages sont essentiellement liés, soit :

- à l'absence de cadre juridique permettant l'établissement de leur connexion au réseau SENELEC ;
- Faute d'accord entre les promoteurs et SENELEC portant sur les conditions de vente de l'énergie produite.

1.4.4.   Ressources énergétiques naturelles

1.4.4.1.   Ressource solaire photovoltaïque

Le Sénégal est compris entre 12°8 et 16°41 de latitude nord et 11°21 et 17°32 de longitude Ouest. Le pays s'étend sur 196 722 km². L'ensoleillement moyen est de 5,8 kW/m²/j, pour un éclairement de 1.000 W/m² enregistré pendant 3000 heures par an (voir figure1.10).

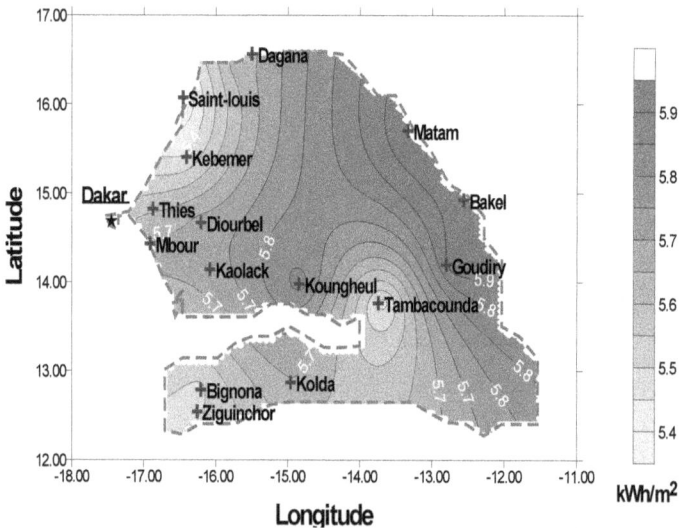

Figure 1.10: Carte d'irradiation du Sénégal

Malgré ce potentiel incontestable, l'impact du solaire sur le taux d'électrification rurale nationale n'est pas notable. En effet, la part du PV est de l'ordre de 3% sur le taux d'électrification rurale en 2009 [SIE-2010]. Cependant, la part du solaire est considérable dans les régions de Fatick et Kaolack, avec respectivement 64% et 52% dans l'électrification rurale de ces deux régions en 2009. La figure 1.11 montre le nombre d'abonnés PV dans les principales régions.

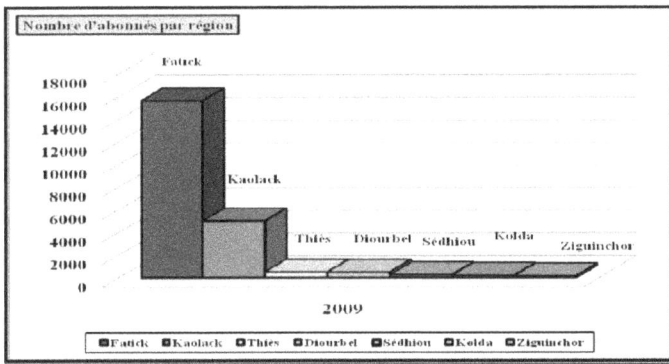

Figure 1.11: Nombre d'abonnés PV par région [SIE-2010]

1.4.4.2. Ressource éolienne

Le Sénégal, de nos jours, ne dispose pas de parc éolien. Cependant des études menées par différents spécialistes et organismes confirment l'existence le long de la Grande Côte notamment (de Dakar à Saint Louis), d'un potentiel éolien appréciable. La carte de la figure 1.12 présente les vitesses de vents mesurées à des hauteurs n'excédant pas 10 m et montre que le potentiel éolien au Sénégal se situe dans la zone de la Grande Côte et varie entre 4,2 à 3,8 m/s à cette hauteur.

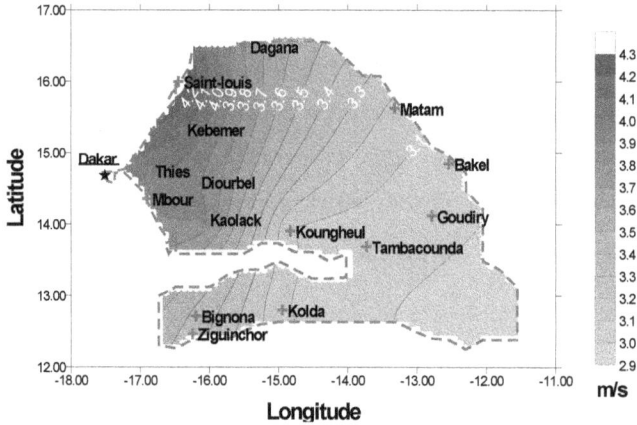

Figure 1.12: Carte des vents mesurés à 10m du sol

Ces études menées pour le compte d'importants projets ont ainsi fini de convaincre de leur pertinence. Les sites de Gandour, Gandon, et Mboye dans la région de Saint Louis ont fait l'objet de mesures complémentaires avec des mâts de 40m de hauteur. Les résultats sont donnés dans le tableau 1.8.

Tableau 1.8: Vitesses moyennes de vents mesurées à 40m de haut sur 3 sites de St Louis
[Ndiaye-2007]

Mois / Sites	Février	Mars	Avril	Mai	Juin	Juillet
Gandon (2004/2005)	5,7	5,6	5,8	5,4	5,1	5
Gandon (2007)		6,4	5,7	5,5	5,2	5
Gantour	7,1	7,1	6,3	6,1	5,7	5,6
Mboye				6,3	5,9	5,6

Ces mêmes études donnent une distribution des vents en termes de régularité et de direction, qui indiquent que les vents suffisants pour faire tourner une éolienne ont une régularité de 88 à 96% pour les deux premiers sites (voir figures 1.13a, et 1.13b).

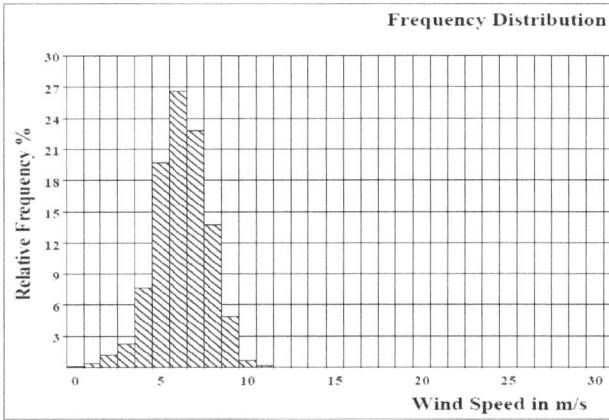

Figure1.13 a: Distribution des vents sur le site de Gantour (en mars-avril 2007) [Ndiaye-2007].

On relève de ces mesures sur le site de Gantour en mars-avril 2007 :

- Vitesse moyenne : 6,15m/s

- Vitesse max (10mn) : 12,6m/s

- Vitesse max (rafale 2s) : 15,6m/s

- Temps pour V>3,5m/s : 96%

- Temps pour V>11,5m/s : inférieur à 1%

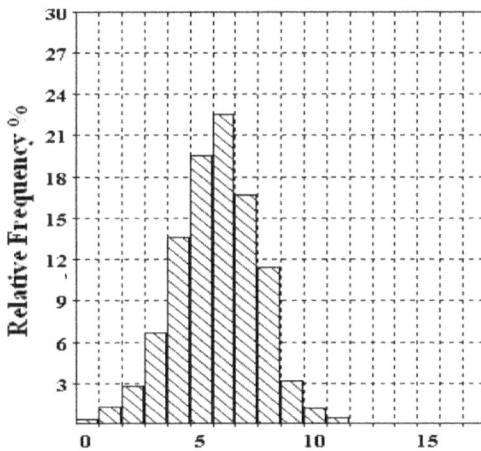

Figure1.13b: Distribution des vents sur le site de Gantour (en juin-juillet 2007) [Ndiaye-2007].

On relève de ces mesures sur le site de Gantour en juin-juillet 2007:

33

- Vitesse moyenne (à 39m): 5,65m/s
- Vitesse max (10mn) : 12,7m/s
- Vitesse max (rafale 2s) : 19m/s
- Temps pour V>3,5m/s : 88%
- Temps pour V>11,5m/s : 0%

L'Atlas des vents de la Grande Côte de la figure 1.14 montre que les vents les plus importants sont ceux mesurés le long de la côte Atlantique (partie rouge). Néanmoins, dans les zones non loin de la côte (partie bleue), existent des vents importants.

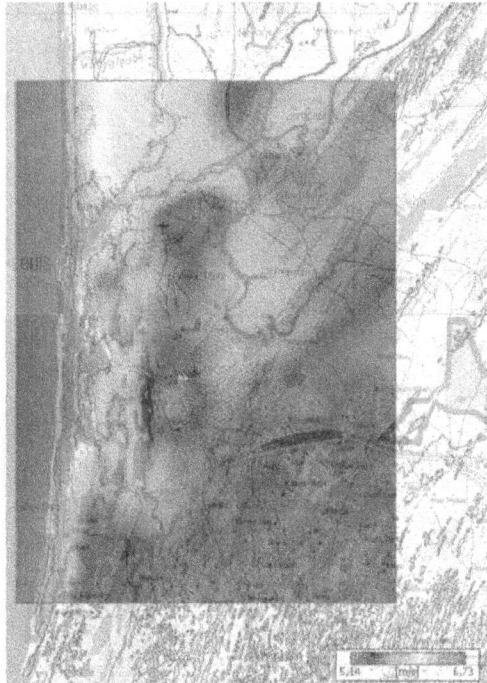

Figure 1.14: Atlas des vents sur la Grande Côte [Ndiaye-2007].

Une autre étude menée à Kayar à 40 km au Nord-Ouest de Dakar, commanditée par la GTZ (Coopération Allemande), a donné des résultats encourageants synthétisés dans le tableau 1.9 suivant. Les mesures ont été faites à une hauteur de 71 et 74m [Eich-2008].

Configuration du parc éolien	Conf. 1	Conf. 2
Fabricants d'éoliennes	Vestas	GAMESA
Modèles d'éoliennes	V52/850kW	G58-850Kw
Nombre d'éoliennes	12	12
Puissance nominale installée	10,2MW	10,2MW
Hauteur du moyeu	74m	71m
Vitesse de vent moyenne à hauteur du moyeu	5,8m/s	5,7m/s
Degré d'efficacité du parc éolien	94,7%	93,8%
Rendement énergétique annuel	149,5 GWh	181,9 GWh

1.4.4.3. Autres ressources

1.4.4.3.1 Ressources hydrauliques

En dehors du solaire et de l'éolien, le Sénégal dispose d'autres potentialités énergétiques. Parmi elles, il y a l'hydroélectricité. Le réseau hydrologique est composé principalement de fleuves et de cours d'eau, parmi lesquels on a:

✓ Le fleuve Sénégal : il a une longueur de 1.770 km. Il prend sa source dans les montagnes du Fouta Djallon (en Guinée). Son débit moyen est de l'ordre de 410 m^3/s.

✓ Le fleuve Gambie : il est long de 1.150 km, dont 477 km se trouvent en territoire sénégalais. Son débit moyen annuel à Gouloumbou est de 135 m^3/s et de 70 m^3 /s à Kédougou.

✓ Fleuve Casamance : il est entièrement situé en territoire national. Il a une longueur de 320km. Il prend sa source dans la zone de Vélingara à 50 m d'altitude. Son écoulement pérenne est de 129 millions de m^3/an à la station de Kolda. Son débit moyen n'est que de 1,76m^3/s

A côté de ces fleuves, nous avons de nombreux cours d'eau et de lacs dont principalement :

• Kayanga : c'est une rivière qui prend sa source dans le massif du Fouta Djallon à 60 m d'altitude. Après un parcours de 150 km, elle pénètre au

Sénégal, descend vers le Sud- Ouest et rejoint la Guinée-Bissau où elle prend le nom de Rio Geba. Au Sénégal, la Kayanga est rejointe par l'Anambé au Sud de Vélingara.

- Anambé : c'est un affluent de la Kayanga. Son bassin versant a une superficie de 1.100 km². Ce cours d'eau draine une cuvette qui constitue aujourd'hui la retenue du barrage réalisé à un kilomètre de la confluence. La réserve de cet ouvrage, dont le volume est estimé à 50 millions de m³, collecte les eaux d'un bassin versant situé à cheval entre les départements de Kolda et Vélingara.

- Sine et Saloum : Ces cours d'eau qui connaissaient auparavant une activité hydrologique relativement importante, voient leur partie aval occupée par les eaux de mer pendant toute l'année.

- Lac de Guiers : Le volume du lac de Guiers est estimé à 601 millions de m3. Il est alimenté par le fleuve Sénégal à partir du canal de la Taouey. Ce lac constitue un écosystème particulièrement vital pour toute la partie Nord-Ouest du pays, mais aussi une réserve d'eau douce permanente très importante. La mise en eau du barrage de Diama a permis de porter son volume moyen à 680 millions de m³.

La figure 1.15 qui suit représente la carte hydrologique du Sénégal. On y retrouve les fleuves et les principaux cours d'eau et lacs.

Figure 1.15: Carte hydrologique du Sénégal

On remarque que le pays bénéficie d'un appréciable réseau hydrographique. Le gouvernement a initié de nombreux projets, notamment dans la région de Kédougou (sud-est du pays). On peut citer les centrales hydroélectriques de Felou (60MW), de Gouina (140MW), de Sambangalou (120MW), Kaléta (200MW) dans le cadre sous régional. Notons l'existence, dans le cadre de l'OMVS, d'une centrale hydroélectrique sur le fleuve Sénégal à Manantali, en territoire malien.

1.4.4.3.2 Ressources marines

Dans le domaine des énergies marines aussi, le Sénégal dispose, de par sa position géographique, d'une côte longue de 531km. La Grande Côte allant de Dakar à Saint Louis, caractérisée par une mer houleuse, laisse présager l'existence d'un potentiel certain. Cependant, il n'existe pas à notre connaissance d'études dans ce domaine pouvant confirmer cet a priori. De plus, l'exploitation des énergies marines obéit à des contraintes technico-économiques qui limitent leur développement dans les pays en développement.

1.4.5. Les micro-réseaux

Le concept de micro-réseau est apparu comme une nouvelle représentation du réseau électrique classique. Les micro-réseaux combinent en général plusieurs sources alternatives, faisant d'eux des systèmes hybrides. Les systèmes d'énergie hybrides combinent les avantages des systèmes de conversion d'énergie classiques et renouvelables [Ortj et al-2008]. Ils apparaissent comme une solution pour alimenter en énergie électrique les sites isolés. La solution consistait à priori à relier les sites à électrifier au réseau national d'électricité [Kiru et al-2008]. Toutefois, en raison de contraintes géographiques, de la faiblesse de ce réseau ou à cause de la non-rentabilité, cette solution a la plupart du temps été abandonnée. L'alternative est de produire, stocker et distribuer l'énergie électrique produite localement. De petits réseaux (1 à 100 kW) sont mis en œuvre localement [Venk-2008]. Une connexion du micro-réseau au réseau national dans le cadre d'un échange d'énergie est cependant envisageable le cas échéant. Les avantages du micro-réseau résident dans la possibilité de concevoir et d'optimiser le réseau pour minimiser le coût et / ou de remplir des contraintes environnementales par exemple [Phra et al-2010] [Ortj et al-2008]. Le principal inconvénient est l'absence d'alimentation de secours en cas de panne ou de production insuffisante s'il n'y a pas de connexion au réseau principal. Cependant, la solution reste intéressante, car elle favorise l'utilisation des ressources d'énergie renouvelables localement disponibles.

Leur utilisation remonte à 1882, avec la première centrale électrique de Thomas Edison construite à Manhattan Pearl Street Station. En 1886, l'entreprise Edison avait installé 58 micro-réseaux à courant continu pour alimenter l'éclairage public [Asmu -2010]. De nos jours, son utilisation est très fréquente et concerne de nombreux cas (bâtiments administratifs, installations commerciales, industrielles, militaires, communautaires etc.) qui sont éloignés du réseau public [Dohn-2011].

1.4.5.1. Concepts et définitions

1.4.5.1.1 Micro-réseau

Le micro-réseau peut être défini comme un système énergétique intégré, composé de ressources énergétiques distribuées et plusieurs charges électriques, fonctionnant comme un seul réseau autonome, soit en parallèle soit isolé du réseau électrique existant [Asmu et al-2009]. Il est composé essentiellement, comme montré à la figure 1.16, de la production décentralisée, du dispositif de stockage d'énergie, et de la charge.

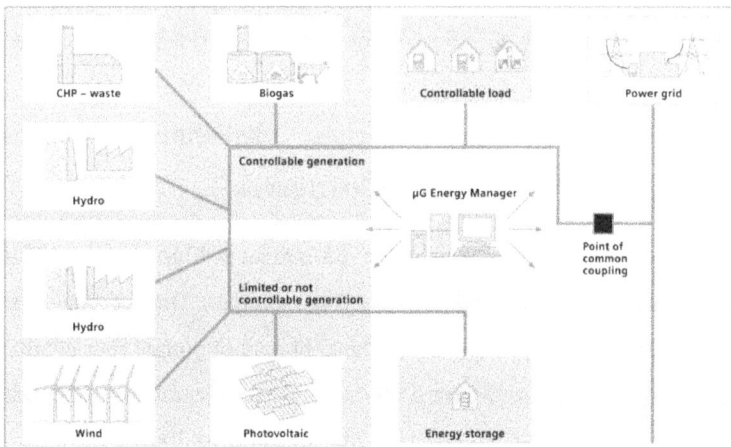

Figure 1.16: Exemple de micro-réseau [Siem-2011]

Afin de gérer le flux d'énergie, un « gestionnaire de l'énergie du micro-réseau » est installé. Le micro-réseau peut être relié au réseau principal par un point de couplage commun (PCC).

1.4.5.1.2 Production décentralisée

La Production décentralisée (Distributed Generation en anglais : DG) est souvent perçue comme une production d'électricité à petite échelle [Mitr et al-2008]. Cependant, il n'existe pas de consensus sur une définition précise du concept qui implique un large éventail de technologies et d'applications dans différents environnements. Certains définissent la DG sur la base du niveau de tension, tandis que d'autres se basent sur le principe que la DG est reliée à des circuits qui alimentent les récepteurs directement [Pepe et al-2005]. Le conseil international des systèmes d'électricité à grande échelle (Council on Large Electricity Systems en anglais : CIGRE) [Mitr et al-2008] a défini la DG comme toute unité de production d'une capacité maximale de 100 MW habituellement connectée au réseau de distribution, qui n'est doté ni d'un système de planification centralisé ni d'un centre de dispatching [Pepe et al-2005]. L'Agence Internationale de l'Energie (AIE) définit la DG comme une unité de production de l'énergie sur le site du client ou dans les services publics de distribution locaux, et qui alimente directement le réseau de distribution local [IEA-2002].

1.4.5.1.3 Ressources distribuées ou sources d'énergie distribuées

La Société Savante des Ingénieurs en Electricité et Electronique (IEEE) définit les ressources distribuées (Distributed Ressources : DR) comme des sources d'énergie qui ne sont pas reliées directement à un important (par la taille) réseau de distribution. Elles disposent d'un ensemble de générateurs et de systèmes de stockage [Mitr et al-2008][Pepe et al-2005][Ackl et al-2001].

1.4.5.1.4 Système d'alimentation électrique (EPS)

De l'anglais Electrical Power System (EPS), le système d'alimentation électrique se définit comme une installation fournissant de l'énergie électrique à une charge.

1.4.5.1.5 Point de couplage commun (PCC)

Traduit de l'anglais Point of Common Coupling (PCC), il se définit comme le point de connexion électrique du micro-réseau au poste de transformation du réseau de distribution publique.

1.4.5.1.6 Centre de contrôle du micro-réseau (MGCC)

Le centre de contrôle du micro-réseau (en anglais Microgrid Central Controller : MGCC) assure les fonctions de contrôle de la puissance active et réactive des ressources distribuées afin d'optimiser le fonctionnement du micro-réseau en envoyant les paramètres des signaux de commande aux ressources distribuées et les charges contrôlables [Hatz-2010].

1.4.5.2. Les configurations dans les systèmes hybrides

La configuration de bus dans les systèmes hybrides décrit la modalité de connexion entre les sources et la charge. Le choix de la configuration du bus des systèmes hybrides dépend de l'utilisateur. Il n'existe pas en effet de méthode parfaite. Chaque couplage présente des avantages et des inconvénients liés à son utilisation. Le choix de l'architecture du couplage dépendra entre autres:

- de l'éloignement du site
- de la taille de l'installation
- du nombre de points de génération (sources)
- etc.

On distingue principalement 3 types de configurations :

1.4.5.2.1 Le couplage DC

Pour le couplage DC représenté à la figure 1.17, tous les composants sont reliés à un bus continu. Des redresseurs sont requis pour connecter des générateurs de courant alternatif. Les charges AC sont connectées au bus de courant continu à travers les onduleurs [Star et al-2008]. Le dispositif de stockage est généralement une batterie, contrôlée et protégée contre les surcharges et décharges profondes par un régulateur de charge.

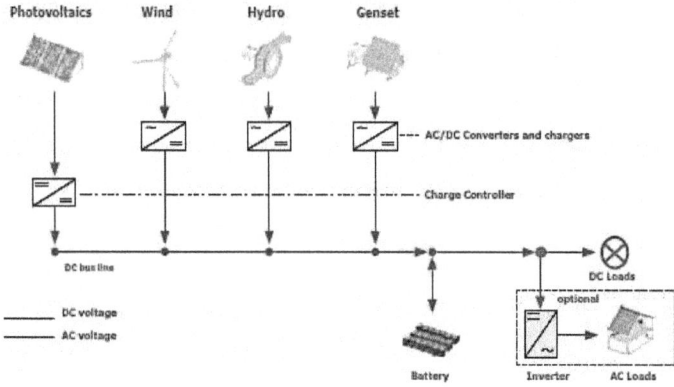

Figure 1.17: Configuration de bus DC [ARE-2012]

Le tableau 1.10 ci-après présente les avantages et les inconvénients d'une telle configuration.

Tableau 1.10: Avantages et inconvénients du couplage DC

Avantages	Inconvénients
- Possibilité d'utilisation directe des sources de production	- Nécessite l'ajout d'onduleur ou l'augmentation de la capacité de l'onduleur en cas de forte demande
- Peu de pertes	
- Peu d'équipements	- Coût élevé de l'appareillage de connexion et de protection en CC
- Facilité d'extension	- Perte de disponibilité pour AC en cas de panne de l'onduleur

NB : Cette configuration est la mieux adaptée pour les petits systèmes avec une production centralisée et une charge relativement constante.

1.4.5.2.2 Le couplage AC

Dans le couplage AC sur la figure 1.18, l'énergie électrique circule à travers un bus AC. Les convertisseurs AC / AC doivent être insérés pour permettre la synchronisation des composants. Si une batterie est utilisée en tant que dispositif

42

de stockage, un convertisseur statique AC / DC bidirectionnel est nécessaire. Il peut également alimenter des charges DC par un bus DC [Hartz-2010].

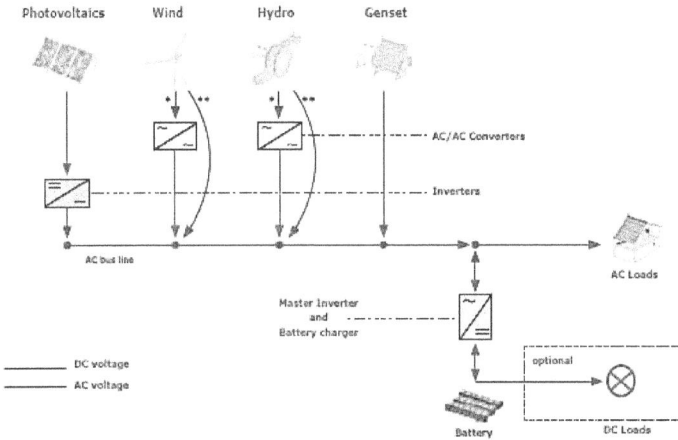

Figure1.18: Configuration de bus AC [ARE-2012]

Le tableau 1.11 ci-après présente les avantages et les inconvénients d'une telle configuration.

Tableau 1.11: Avantages et inconvénients du couplage AC

Avantages	Inconvénients
- Possibilité d'augmenter la tension alternative avec un composant passif (le transformateur)	- Pertes de puissance multiples dues aux nombreux convertisseurs
- Appareillage moins cher qu'en courant continu et disponible facilement	- Utilisation de plusieurs convertisseurs (coût élevé des équipements)
- Possibilité d'utiliser la fréquence comme moyen de réglage	- Obligation de synchroniser toutes les sources alternatives (utilisation d'un bus de communication par exemple)

NB : Cette configuration convient mieux pour les îles et les villages, comprenant plusieurs points de production sans une connexion centralisée.

1.4.5.2.3 Le couplage DC-AC

Pour le couplage DC/AC représenté à la figure 1.19, l'énergie circule à travers les bus DC et AC. Si une batterie est utilisée en tant que dispositif de stockage, un convertisseur AC / DC statique bidirectionnel est nécessaire. Des charges DC peuvent être alimentées à travers le convertisseur statique maître AC / DC ou directement à partir du bus DC. Sur le bus AC, des générateurs AC peuvent être connectés directement ou par l'intermédiaire de convertisseurs AC / AC, pour permettre une bonne synchronisation des composants [Jime et al-2010].

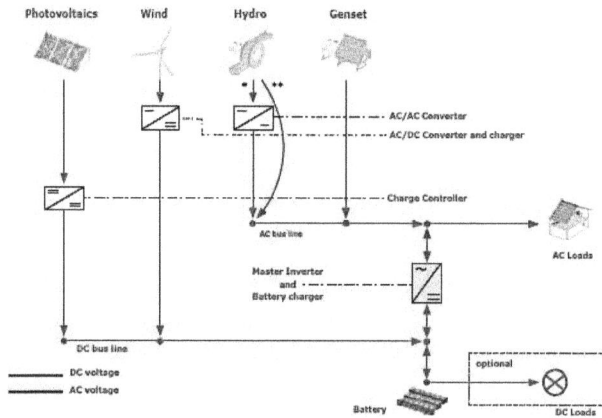

Figure 1.19: Configuration DC/AC [ARE-2012]

Le tableau 1.12 ci-après présente les avantages et les inconvénients d'une telle configuration.

Tableau 1.12: Avantages et inconvénients du couplage DC/AC

Avantages	Inconvénients
- Bon rendement	Baisse de rendement en matière de consommation de carburant en cas de charge partielle
- Possibilité de connecter directement la charge AC	
- Moins de contrainte sur l'onduleur	
- Possibilité d'alimenter des charges à partir d'une source importante AC	

NB : Cette configuration est adaptée pour les petits systèmes avec une charge relativement constante.

1.4.5.3. Configurations dans les installations en milieu rural sénégalais

L'alimentation en électricité du monde rural au Sénégal par le biais des énergies renouvelables est essentiellement à base photovoltaïque (voir tableau 1.7). Dans son architecture, nous distinguons deux variantes suivant l'option choisie :

- Une production localisée au niveau des ménages grâce aux « Systèmes Photovoltaïques Familiaux » (SPF)
- Une production centralisée avec une mutualisation de l'énergie produite au niveau du village. Dans ce cas, une hybridation solaire-diesel est souvent réalisée. La configuration du couplage est le DC/AC. En effet le bus DC relie la source PV aux batteries, tandis le bus AC servira de connexion entre le groupe électrogène et l'onduleur.

➢ **Les Systèmes Photovoltaïques Familiaux (SPF)**

Ce sont des kits composés d'un ou de deux panneaux de 50Wc, d'un régulateur, d'une batterie d'accumulateurs et d'un onduleur. Ils permettent de satisfaire les besoins de base des ménages (éclairage, TV, radio). Les charges DC sont directement connectées à la sortie du régulateur, tandis que les charges AC le sont à la sortie de l'onduleur. Le dimensionnement de la batterie se fait sur la base d'une autonomie de 2 à 3 jours sans soleil. Ils sont faciles à mettre en œuvre, mais limitent l'usage de l'électricité à des besoins domestiques car les puissances mises en jeu sont en général très faibles (100Wc au maximum pour un kit). Ce système convient cependant pour des villages avec un type d'habitat « dispersé », qui s'étendent sur plusieurs dizaines de mètres : en effet, la couverture par un réseau électrique entrainerait des coûts supplémentaires en matière de câblage. Cependant, la non mutualisation de la production peut être à l'origine de non disponibilité de l'énergie par endroit en cas de panne prolongée. La figure 1.20 suivante montre une case de santé dans un village dont le toit est muni de panneaux photovoltaïques.

Figure 1.20: Case de santé équipée de panneaux photovoltaïques montés sur le toit à Oussouye
au sud du Sénégal

> **La production centralisée**

Il s'agit de centrale pour l'essentiel solaire avec un stockage par batteries
d'accumulateurs. Un groupe électrogène est aussi utilisé dans certains cas pour
faire face aux pointes de charges. Il existe aussi, mais pour de rares cas, des
hybridations avec de l'éolien. C'est un choix qui favorise la disponibilité de
l'énergie électrique pour tous les habitants d'un village non connecté au réseau
grâce à la mutualisation des ressources énergétiques et des équipements. Il
permet un dimensionnement plus juste de l'installation, en prenant en compte les
besoins de l'ensemble de la population. Il présente aussi l'avantage de permettre
une utilisation à des fins de génération de revenus (alimentation de petites unités
de transformation de produits locaux, pompage, etc.), grâce à une distribution en
réseau triphasé. Il entraine cependant des coûts supplémentaires liés à la
distribution en réseau (câblage entre les maisons). D'autre part, il y a nécessité
d'aménager un local pour abriter l'infrastructure de stockage et de
conditionnement de l'énergie (batteries d'accumulateurs, onduleurs). La gestion
de l'ensemble demandera aussi l'intervention d'un technicien formé. La figure
1.21 montre une production centralisée par panneaux photovoltaïques. On y
voit :

46

- le champ PV de puissance 21kWc (a),
- le stockage par batteries d'accumulateurs d'une capacité de 690 Ah/300V (b),
- le régulateur de charge de puissance 30kW (c),
- l'onduleur de 20kW (c),
- l'armoire de distribution intégrant la protection et le comptage pour une ligne BT de 7km de long (c).

(a)   (b)   (c)

Figure1.21: Production centralisée, (a): champ PV, (b): batteries, (c) régulateur, onduleur, armoire de distribution à Diaoulé dans le département de Fatick

1.5. Conclusion

Le sous-secteur de l'électricité au Sénégal connait une évolution favorable depuis plus d'une dizaine d'années. Après un constat de défaillance des politiques menées jusqu'aux années 2000, des réformes sur le plan institutionnel ont contribué à une meilleure prise en charge de la satisfaction de la demande énergétique. Ces réformes ont consacré l'entrée du secteur privé dans la mise en œuvre de concessions gérées par ce dernier. Cette nouvelle approche a permis :

- de diversifier et d'augmenter les sources de financement de l'électrification rurale qui relève aussi bien du secteur marchand que de l'équipement rural;
- d'accroitre sensiblement le taux d'accès à l'électricité.

Les objectifs en termes de taux de couverture du monde rural ont été largement atteints. Le taux d'électrification rurale était de 23,8% en 2009 (pour un objectif initial de 15% pour 2015). La progression moyenne annuelle sur 2000-2009, de l'ordre de 12 %, pourrait permettre d'atteindre des taux respectifs de 49 % et 100 % pour 2015 et 2022, si bien sûr cette tendance se maintient.

Sur le plan des ressources énergétiques renouvelables, il a été montré que le Sénégal bénéficie d'un important rayonnement solaire (5,4 kWh/m^2), pour 3000 heures d'ensoleillement l'année. Cet important gisement est encore peu exploité. Suit l'énergie éolienne, notamment sur la Grande Côte. On dispose de vitesse de vent exploitable à partir d'une certaine hauteur (40m au moins). Des projets ambitieux ont été initiés, et des études ont fini de confirmer leur pertinence et leur rendement. Pour certains d'entre eux, se posent encore des problèmes à la fois juridiques et techniques quant à une connexion au réseau national. Sous le même registre, nous avons les ressources hydroélectriques et les énergies marines. Pour les premières, nous avons un réseau hydrographique avec trois importants fleuves et des cours d'eau. En termes de réalisations, seule une centrale hydroélectrique a été réalisée grâce à la coopération entre le Sénégal, le Mali et la Mauritanie. D'autres sont à l'étude notamment dans le cadre de l'OMVG[9]. L'exploitation des ressources marines, quant à elle, n'est pas pour le moment envisageable en raison des nombreuses contraintes technico-économiques qui sont liées à leur développement.

Enfin, les micro-réseaux ont été présentés. Il ressort de cette étude qu'il n'y pas dans l'absolu de bonne ou de mauvaise configuration. Leurs choix dépendent de l'utilisateur et des caractéristiques de l'installation.

Dans le chapitre qui suit, nous développerons des outils et logiciels qui permettront de mettre en œuvre des micro-réseaux sur un site donné.

---

[9] OMVG : Organisation pour la Mise en Valeur du fleuve Gambie, organisme de bassin sous régional regroupant la Gambie, le Sénégal, la Guinée, la Guinée Bissau

CHAPITRE II

CHAPITRE 2

Outils logiciels pour la conception et la commande du système

Introduction

L'alimentation en énergie électrique des sites isolés ou des milieux ruraux dans les pays en voie de développement se heurte aux difficultés suivantes :

- La faiblesse de la puissance du réseau public,
- Le coût prohibitif des investissements nécessaires à l'extension et au raccordement,
- Le coût élevé de l'énergie au regard des revenus des populations.

Une des solutions est d'utiliser les ressources primaires d'énergie renouvelable disponibles sur le site (associées à des dispositifs de stockage et/ou des dispositifs de secours tels que des groupes électrogènes) et de concevoir un réseau local à la puissance limitée (quelques dizaines de kW). Ce sont ces micro-réseaux ou *microgrids* qui se développent rapidement à travers le monde.

Selon les ressources énergétiques disponibles et les conditions d'exploitation envisagées, plusieurs combinaisons peuvent être utilisées. On parle alors d'hybridation des sources ou de mix énergétique, ce qui consiste à combiner des sources de type hydraulique, solaire thermique ou photovoltaïque, éolien, etc. Le caractère intermittent des ressources énergétiques oblige à prévoir des dispositifs de stockage et dans certains cas extrêmes, des sources de secours constituées par des groupes électrogènes pour garantir une totale disponibilité de l'énergie électrique.

Il en résulte que la structure du micro-réseau est complexe. Elle dépend fortement du site, des conditions d'usage et des populations desservies. La conception et le contrôle d'une telle structure doivent viser non seulement l'efficacité énergétique mais aussi l'efficacité économique. La conception consiste à faire le pré-dimensionnement de l'ensemble des constituants, et à choisir l'architecture du réseau, alors que le contrôle consiste à piloter les échanges d'énergie en fixant la contribution de chaque source et le dispositif de stockage. La solution retenue doit être optimale au sens du rendement, des objectifs (coût minimal de l'énergie produite, minimisation du taux de CO_2, disponibilité, temps de réponse, rejet des perturbations, ...). On peut donc constater que c'est un système complexe avec des constituants de nature et des constantes de temps très différentes (de la milliseconde pour les convertisseurs statiques à l'heure pour les charges). L'étude doit nécessairement s'appuyer sur des outils logiciels.

2.1. Revue des outils logiciels

Pour mettre en œuvre un projet, chercheurs, ingénieurs et décideurs s'appuient sur des outils logiciels. Ces outils logiciels permettent de dimensionner, d'optimiser, d'analyser et de simuler des systèmes. Ainsi, on peut les classer suivant trois catégories :

- les logiciels d'étude de faisabilité
- les logiciels de dimensionnement
- les logiciels de simulation et d'analyse.

Dans le cas qui nous occupe, nous souhaitons concevoir (dimensionner les constituants et choisir l'architecture) et contrôler les flux d'énergie entre la charge, les sources et les dispositifs de stockage. Le système hybride conçu doit être efficace énergétiquement, fournir une énergie électrique au coût minimal et avec une disponibilité maximale.

Le ou les outils logiciels qui seront utilisés dans cette étude doivent permettre de modéliser, simuler, analyser et optimiser le micro-réseau.

2.1.1 Les logiciels d'étude de faisabilité

2.1.1.1 RETScreen

RETScreen est un outil logiciel d'analyse de projets d'énergies propres basé sur Microsoft Excel. Il a été développé par le Laboratoire de recherches de diversification d'énergie CANMET (CEDRL) du Canada. Il sert à aider les décideurs à déterminer rapidement si un projet d'énergie renouvelable, d'efficacité énergétique et de cogénération est financièrement et techniquement viable [Rets-2013] [Turc-2001]. L'outil consiste en un logiciel standardisé et intégré d'analyse de projets d'énergies propres, qui peut être utilisé partout dans le monde pour évaluer la production énergétique, les coûts du cycle de vie et les réductions d'émissions de gaz à effet de serre pour différentes technologies d'efficacité énergétique et d'énergie renouvelable.

L'analyse des projets se fait en 5 étapes :

- établissement du modèle énergétique
- analyse des coûts
- analyse des gaz à effet de serre
- établissement du sommaire financier
- analyse de la sensibilité et du risque.

Au bout de ces étapes, une décision est prise par le promoteur du projet.

Cependant, ce logiciel ne permet pas de dimensionner une centrale hybride en vue de son optimisation. Il n'est pas non plus conçu pour le contrôle des systèmes, et donc ne convient pas pour notre étude. La figure 2.1 ci-dessous montre l'espace de travail sous RETScreen.

Analyse des émissions

Émissions de GES
Cas de référence	tCO2	0.0
Cas proposé	tCO2	0.0
Réduction annuelle brute d'émissions de GES	tCO2	0.0
Frais de transaction pour les crédits de GES	%	
Réduction annuelle nette d'émissions de GES	tCO2	0.0	est équivalente à	0.0	Automobiles et camions légers non utilisés

Revenu pour réduction de GES
Crédit pour réduction de GES	$/tCO2	

Analyse financière

Paramètres financiers
Taux d'inflation	%	
Durée de vie du projet	an	
Ratio d'endettement	%	

Coûts d'investissement
Mesures d'efficacité énergétique	$	0
Autre	$	
Total des coûts d'investissement	$	0	0.0%

Encouragements et subventions	$	

Graphique des flux monétaires cumulatifs

Frais annuels et paiements de la dette
Coûts (économies) d'exploitation et entretien	$	0
Coût en combustible - cas proposé	$	0
Autre	$	
Total des frais annuels et paiements de la dette	$	0

Économies et revenus annuels
Coût en combustible - cas de référence	$	0
Autre	$	
Total des économies et des revenus annuels	$	0

Viabilité financière
TRI avant impôt - actifs	%	
Retour simple	an	
Retour sur les capitaux propres	an	

Flux monétaires cumulatifs ($)

An

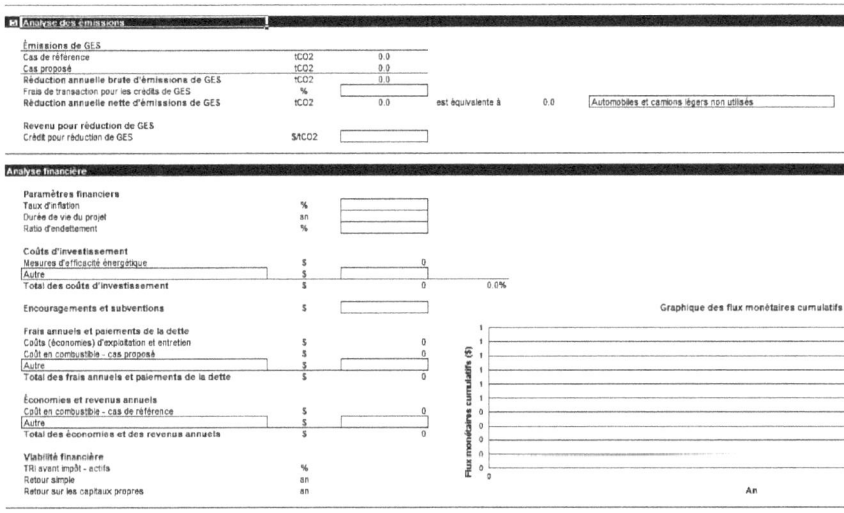

Figure 2.1 : Espace de travail sous RETScreen

2.1.1.2   LEAP

LEAP (Long Range Energy Alternatives Planning), développé à Stockholm Institut de l'Environnement en 2008, est un outil logiciel pour l'analyse de la politique énergétique et de l'évaluation de l'impact du changement climatique. Il inclut un gestionnaire de scénario qui peut être utilisé pour décrire les mesures individuelles à prendre. Il est principalement utilisé pour analyser les systèmes d'énergie nationaux. Il utilise un pas de temps annuel, et l'horizon temporel peut s'étendre sur un grand nombre d'années (généralement entre 20 et 50 ans). Cependant, il ne permet de faire ni de l'optimisation, ni de la commande des systèmes. Il ne sied donc pas pour notre problématique [LEAP-2010][Conn-2010] [Gond-2011][DIAL-2011].

La figure 2.2 suivante montre l'espace de travail sous LEAP.

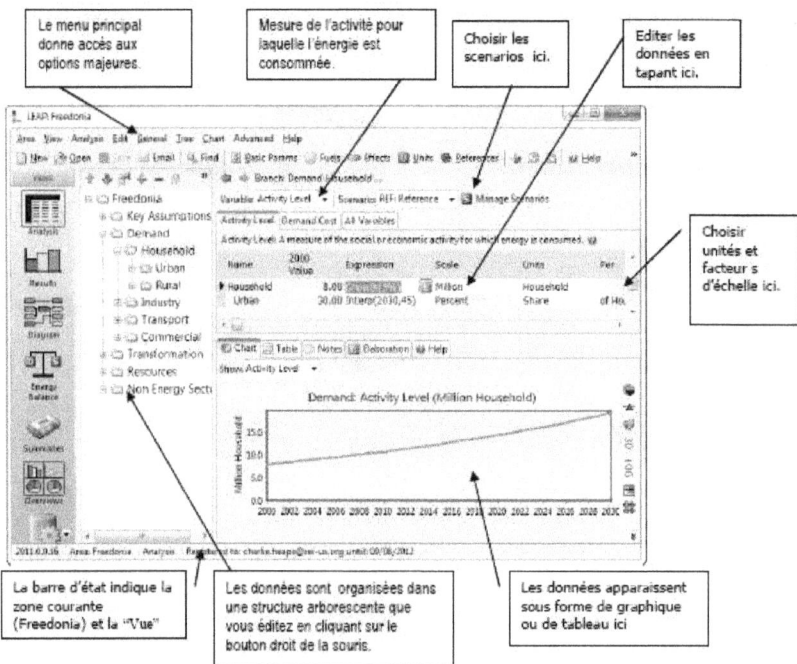

Figure 2.2: Espace de travail sous LEAP

2.1.2 Les logiciels de conception, d'analyse, et de simulation

2.1.2.1 HOMER

HOMER (Hybrid Optimisation Model for Electric Renewable) est un logiciel initialement développé dès 1993 par le National Renewable Energy Laboratory pour les programmes d'électrification rurale. Depuis 2009, il est disponible sous la licence Homer Energy.

C'est un outil pour la conception et l'analyse des systèmes d'alimentation hybrides (générateurs conventionnels, production combinée de chaleur et d'électricité, éoliennes, solaire photovoltaïque, piles, piles à combustible, énergie hydraulique, biomasse etc.). Il permet de déterminer la faisabilité économique d'un système d'énergie hybride, d'optimiser la conception du système et permet aux utilisateurs de comprendre comment fonctionne un système hybride d'énergies renouvelables. Il est utilisé pour effectuer des simulations de différents systèmes énergétiques, comparer les résultats et obtenir une projection réaliste de leur capital et les dépenses d'exploitation.

C'est un outil intéressant au service des décideurs publics, des intégrateurs de systèmes, et de nombreux autres types de développeurs de projets, afin d'atténuer le risque financier de leurs projets de centrales hybrides [Deme-2011][Phra et al-2009][Turc-2001].

Pour notre cas, il pourrait bien servir au dimensionnement optimal du système. Cependant, il ne propose pas de solution pour la commande du système.
La figure 2.3 suivante montre l'espace de travail sous HOMER.

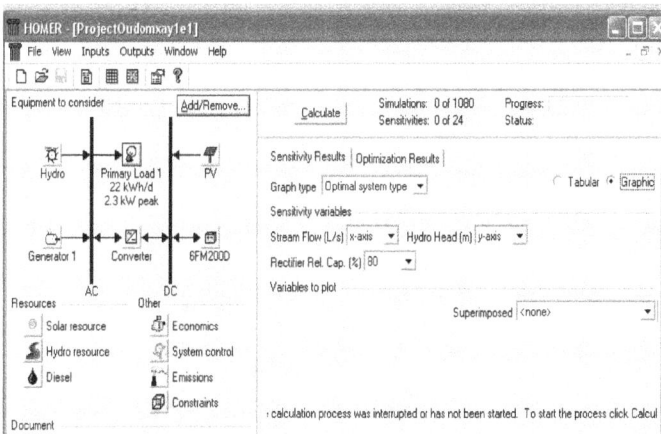

Figure 2.2: Espace de travail sous HOMER

2.1.2.2 iHOGA

iHOGA (improved Hybrid Optimization by Genetic Algorithms) est un logiciel développé pour la simulation et l'optimisation des systèmes hybrides d'énergies renouvelables. L'optimisation est obtenue en minimisant le coût total du système tout au long de sa durée de vie. Elle est donc financière (mono-objectif). Toutefois, le programme permet une optimisation multi-objectif, où des variables supplémentaires peuvent également être minimisées, telles que l'équivalent des émissions de CO_2 ou de la charge non satisfaite (énergie non desservie). Etant donné que toutes ces variables (coûts, émissions ou charge non satisfaite) sont mutuellement contre-productives dans de nombreux cas, plus d'une solution est offerte par le programme, lors de l'optimisation multi objective. Certaines de ces solutions montrent de meilleures performances lorsqu'elles sont appliquées à des émissions ou des charges non satisfaites, alors que d'autres solutions sont mieux adaptées pour les coûts [Hoga-2013][López et al-2007][López et al 2005][Agus et al 2006]. A l'instar de Homer, il peut être utile pour le dimensionnement optimal de notre système. Il ne peut cependant pas être utilisé pour la commande des composants du système. En effet, la commande avec iHOGA se limite aux stratégies de gestion des flux d'énergie.

La figure 2.4 suivante montre l'espace de travail sous iHOGA.

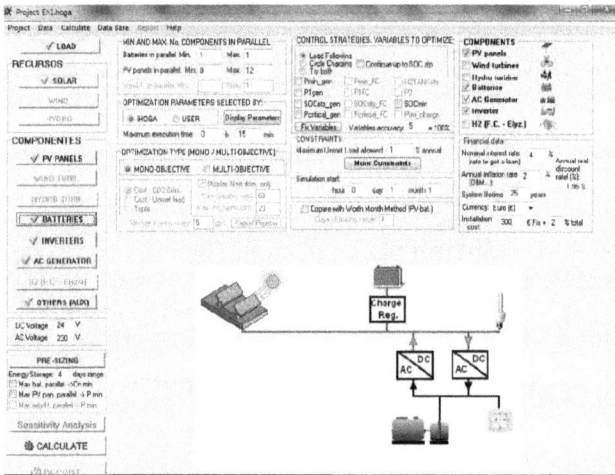

Figure 2.4: Espace de travail sous iHOGA

2.1.2.3   HYBRID2

Le logiciel HYBRID2 a été développé en 1994 par la NREL et l'Université de Massachussetts. C'est un outil de conception et de simulation qui permet, à partir de l'architecture définie par l'utilisateur, d'optimiser et d'analyser le système hybride.

Le logiciel permet, grâce à une approche probabiliste, de tenir compte des fluctuations des sources et de la charge. La simulation réalisée par HYBRID2 est plus précise que celle de HOMER. Le programme possède plus de 200 paramètres d'entrée, et les intervalles du temps de calcul sont configurables entre 20 minutes et 2 heures. Le système peut comporter des générateurs diesels, un système de distribution alternatif, un système de distribution à courant continu, des charges, les sources d'énergie renouvelables (éoliennes ou photovoltaïques), du stockage d'énergie, des convertisseurs de puissance, etc. Il offre une solution complète, flexible et conviviale basée sur un large éventail de choix de composants du système et les stratégies d'exploitation.

Le laboratoire NREL recommande d'optimiser, dans un premier temps, le système hybride souhaité avec le logiciel HOMER et d'améliorer, par la suite, sa conception en utilisant HYBRID2 [Ceere-2013] [BelK-2009] [Green et al-1995] [Manw et al-2006] [Phra-2009] [Turc-2001].

Les possibilités en termes de stratégies de commande sont beaucoup plus riches que dans le cas de HOMER.

Pour notre cas, le besoin d'utiliser deux outils pour le pré-dimensionnement et le dimensionnement (Homer et Hybrid2) constitue un handicap qui limite son utilisation.

La figure 2.5 suivante montre l'espace de travail sous Hybrid2.

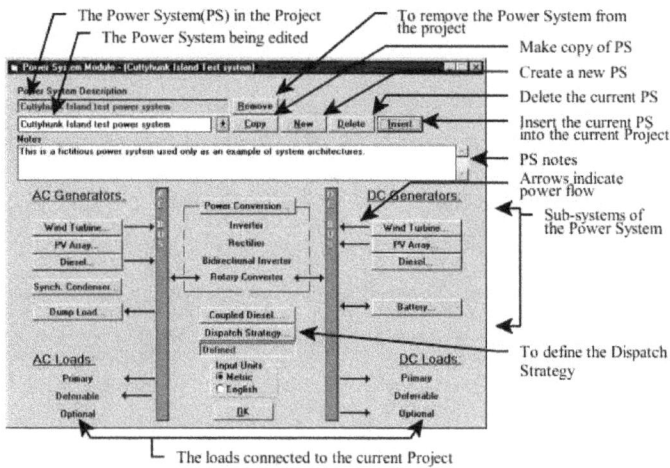

The Power System(PS) in the Project — To remove the Power System from the project
The Power System being edited — Make copy of PS
Create a new PS
Delete the current PS
Insert the current PS into the current Project
PS notes
Arrows indicate power flow
Sub-systems of the Power System
To define the Dispatch Strategy
The loads connected to the current Project

Figure 2.5: Espace de travail sous Hybrid2

2.1.2.4 SOMES

SOMES (Simulation and Optimisation Model for renewable Energy Systems), développé par l'université d'Utrecht aux Pays-Bas, est un logiciel développé en 1992. Il permet de simuler et d'analyser le fonctionnement d'un système hybride PV-éolien-diesel avec stockage par batteries. La simulation est faite avec un pas de calcul d'une heure et le fonctionnement du système est évalué techniquement et économiquement. Une optimisation du coût est faite en comparant plusieurs combinaisons. Par contre, il ne permet pas de déterminer une stratégie de fonctionnement optimale, et les critères concernant le démarrage et l'arrêt du générateur diesel sont fournis par l'utilisateur [Belk-2009] [Turc-2001]. Malgré le fait qu'il permet de réaliser une analyse économique des projets et une optimisation, il n'assure pas la commande des systèmes, ce qui en limite son utilisation par rapport à notre étude.

2.1.2.5 Matlab

Matlab est un logiciel commercial développé par The MathWorks depuis 1984. Il dispose d'une imposante bibliothèque de boite à outils de calcul et de modèles. Il offre également un environnement de programmation qui permet de développer ses propres modèles ou algorithmes de calcul. Associé à Simulink, une interface graphique de programmation, il permet de modéliser, d'optimiser, de contrôler et d'analyser des systèmes de nature très diverse. En plus de l'ingénierie, Matlab/Simulink dispose également d'autres outils de modélisation et de simulation, conçus pour résoudre des problèmes d'ordre économétrique et financier notamment [Math-2009].

Pour notre étude, il constitue un outil idéal aussi bien pour l'optimisation que pour le contrôle du système. Cependant son coût élevé constitue un inconvénient majeur.

La figure 2.6 suivante montre l'espace de travail sous Matlab/Simulink.

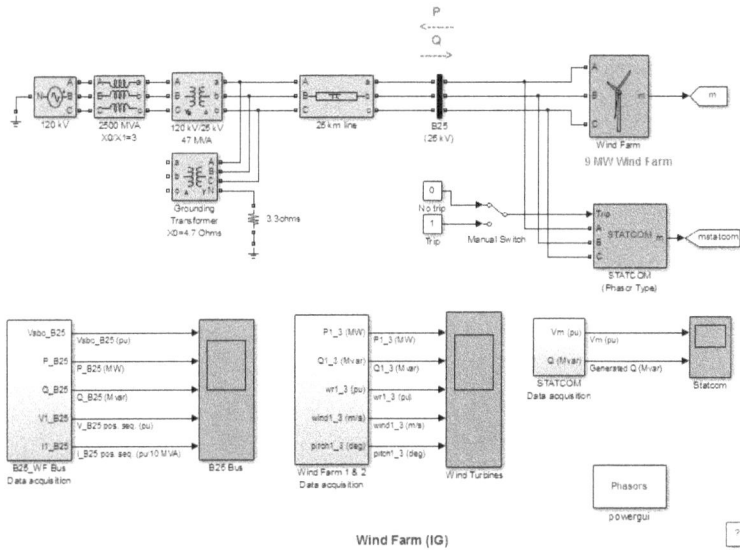

Figure 2.6: Espace de travail sous Matlab/Simulink

2.1.3   Les logiciels d'analyse et de simulation

2.1.3.1   INSEL

Le logiciel INSEL (Integrated Simulation Environment Language), développé à l'université d'Oldenburg, est un outil de simulation des systèmes d'énergie renouvelable basé sur une bibliothèque de composants. Il fournit un environnement intégré et un langage de programmation graphique pour la création d'applications de simulation. L'utilisateur choisit les blocs de la bibliothèque et les interconnecte pour définir la disposition du système hybride. L'analyse du fonctionnement du système peut être réalisée avec un pas de temps spécifié par l'utilisateur. La flexibilité de créer des modèles et des configurations du système est une caractéristique très intéressante d'INSEL. Son inconvénient est qu'il ne permet pas d'optimiser les systèmes d'énergie renouvelable. Aussi, certains composants tels que le générateur diesel et les convertisseurs n'ont pas de modèles par défaut, ils doivent être créés par l'utilisateur [Insel-2013] [Belk-2009] [Phra-2009] [Turc-2001] [Agus et al-2009].

Ses possibilités étant limitées à la simulation des systèmes, il ne convient pas pour le cas de notre étude.

La figure 2.7 suivante montre l'espace de travail sous INSEL.

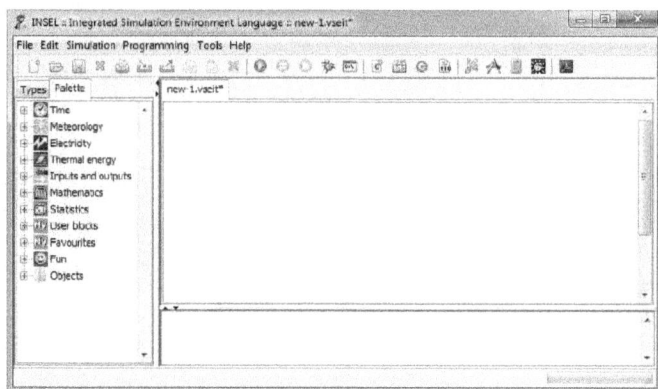

Figure 2.7: Espace de travail sous INSEL

2.1.3.2   ARES

ARES (Autonomus Renewable Energy Systems) a été développé en 1995 et amélioré en 1997 à l'Université de Cardiff au Royaume-Uni. Il sert à simuler les systèmes hybrides PV-éolien avec batteries de stockage [Morg et al-1997] [Belf-2009] [Agus et al-2009].

En raison de ses fonctions limitées à la simulation des systèmes, il ne peut convenir pour notre étude.

2.1.3.3   SOLSIM

SOLSIM, développé au Fachhochsule Konstanz en Allemagne, est un outil de simulation des systèmes hybrides. Il donne le détail des modèles techniques des panneaux PV, des éoliennes, des générateurs diesel, des batteries et des installations de biogaz ou de biomasse. Le logiciel SOLSIM permet de simuler le système hybride, d'optimiser l'angle d'inclinaison des panneaux PV et de calculer les coûts du cycle de vie d'un système donné [Belk-2009]   [Agus et al-2009]. En raison de ses limites en matière de commande notamment, il ne convient pas pour le cas de notre étude.

2.1.3.4   RAPSIM

RAPSIM (Remote Area Power Supply Simulator) a été développé à l'Université de Murdoch Energy Research Institute (MUERI), dans un projet financé par l'Australian Research Cooperative Centre pour les énergies renouvelables (ACRE) en Australie. C'est un logiciel de simulation des systèmes hybrides PV-éolien-diesel. Il permet à l'utilisateur de sélectionner un système hybride (PV et/ou éolienne et/ou diesel), de le simuler et de calculer son coût total. Il analyse des éléments tels que le profil de charge, les données météorologiques pertinentes. Cette analyse permet de voir comment les différents systèmes peuvent interagir dans un environnement particulier. L'utilisateur a la possibilité également de modifier les paramètres à l'intérieur du système, par exemple en augmentant la taille de la batterie, en ajoutant une autre éolienne ou de changer la taille du générateur diesel [Bern et al -2009] [Turc-2001] [Agus et al-2009]. Etant donné qu'il est limité à la simulation des systèmes, il ne convient pas pour le cas de notre étude.

2.1.4 Conclusion sur les outils logiciels

Les logiciels utilisés dans la mise en œuvre de micro-réseaux sont nombreux et variés. Ils n'offrent cependant pas les mêmes fonctionnalités. Certains sont des outils d'aide à la décision, dans la mesure où ils permettent à l'utilisateur de se prononcer sur la faisabilité d'un projet (RETScreen, LEAP). D'autres permettent de simuler des systèmes conçus, voire même de les optimiser dans le cadre de leur dimensionnement. Aussi, on note des différences quant aux composants mis en jeux. Le tableau 2.1 ci-après fait la synthèse des outils logiciels présentés dans ce paragraphe.

Tableau 2.1: Tableau synthèse des caractéristiques des principaux outils logiciels

	Caractéristiques	RETScreen	LEAP	HOME R	iHOGA	HYBRID 2	INSEL	SOMES	ARES	SOLSI M	RASPI M	Matlab
Modélisation	PV	X		X	X	X	X	X	X	X	X	X
	Eolienne	X		X	X	X	X	X	X	X	X	X
	Groupe électrogène	X		X	X	X	X	X		X	X	X
	Batterie d'accumulateurs			X	X	X	X	X	X	X	X	X
	Mini turbine hydraulique	X			X							X
	Pile à combustible	X		X	X	X						X
Simulation et commande	Simulation			X	X	X	X	X	X	X	X	X
	Commande											X
	Gestion de l'énergie			X	X	X		X		X		X
Optimisation	Optimisation multi objectif			X	X			X				X
Analyse	Analyse économique et financière	X	X	X	X							X
	Analyse impact environnemental	X	X									

63

L'analyse du tableau nous permet de voir que pour notre problématique, Matlab offre des performances plus intéressantes que les autres logiciels à plusieurs égards. En effet, il permet entre autres une optimisation et une simulation des systèmes. Aussi grâce à sa « flexibilité », il peut intégrer tous les modèles de composants (PV, éolienne, turbine hydraulique, batterie, etc.).

D'un autre côté, les logiciels RETScreen, LEAP, Homer et iHOGA constituent de bons outils pouvant aider à la décision sur le bien-fondé d'un projet grâce à l'analyse économique qu'ils permettent de faire.

Entre les deux se trouvent les autres logiciels, qui pour l'essentiel servent à simuler et à optimiser des systèmes.

2.2. Formalismes de représentation et de commande du système

Un système ou processus est décrit par l'ensemble des relations entre les entrées et les sorties. Ces relations peuvent être exprimées par un modèle physique ou un modèle de connaissances, selon les besoins de l'étude et le niveau de complexité du système.

Pour contrôler un processus, il faut disposer d'un modèle suffisamment précis, qui mette en évidence les grandeurs à régler, les grandeurs réglantes, les mesures nécessaires ainsi que les perturbations. Ce modèle peut être représenté par les approches classiques de type modèle d'état ou fonction de transfert, ou associé à des formalismes graphiques tels que le Bond Graph, le Graphe Informationnel Causal, ou la Représentation Energétique Macroscopique.

Nous allons dans ce paragraphe décrire ces formalismes afin de déduire celui qui sera le mieux adapté à l'analyse, la simulation et le contrôle du micro-réseau d'énergie.

2.2.1 Bond Graph (BG)

2.2.1.1 Principe

Le Bond Graph, également appelé graphe à liens ou graphe de liaisons, est un outil mathématique de représentation graphique des systèmes physiques. Il a été développé en 1959 par Paynter [Payn-1961], puis amélioré par Karnoop [Karn-

1975] et Thoma [Thom-1975]. C'est un formalisme qui permet de représenter les échanges de puissance entre deux sous-systèmes. Cette puissance est le produit entre une variable flux notée f (vitesse, courant, débit,...) et une variable effort notée e (force, tension, pression,...). Ces échanges d'énergie entre deux sous-systèmes sont représentés par une demi-flèche, dont le sens indique la direction du flux de puissance (voir figure 2.8).

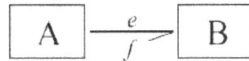

$$A \xrightarrow{\ e\ }_{f} B$$

Figure 2.8: Echange de puissance entre deux sous-systèmes

On distingue trois grandes familles d'éléments :
- les éléments actifs (sources),
- les éléments passifs (dissipation, stockage d'énergie potentielle, stockage d'énergie cinétique),
- les éléments de jonction[10] (égale répartition de l'effort ou du flux, transformateur, gyrateur) [Bous-2003] [Boul-2009].
- La causalité[11] est indiquée par des traits verticaux. Cette causalité peut être analytique, intégrale ou dérivée.

Le tableau 2.3 montre les relations entre l'effort et les variables flux pour chaque élément et sa causalité. Le sens d'écoulement de l'effort diffère de celui de la variable de débit. La causalité de chaque élément est déterminée par son équation reliant les efforts et les variables d'écoulement [Venk et al-2012]. Le tableau 2.2 ci-dessous donne les éléments utilisés, leurs symboles, leurs causalités et équations.

Tableau 2.2: Relations entre l'effort et les variables flux pour chaque élément et sa causalité [Venk et al-2012]

---

[10] Jonction = 0 équivaut à une mise en parallèle
Jonction = 1 équivaut à une mise en série
[11] En physique, le principe de causalité affirme que si un phénomène (nommé cause) produit un autre phénomène (nommé effet), alors l'effet ne peut précéder la cause

65

Elément	Symbole	Causalité	Equation
Source d'effort	S$_e$	S$_e$ ⟶	
Source d'effort	S$_f$	S$_f$ ⊢⟶	
Elément résistif	R	⊢⟶R ⟶⊣R	$e(t) = R*(t)$ $f(t) = R/e(t)$
Elément capacitif	C	⊢⟶C ⟶⊣C	$e(t) = \frac{1}{C}\int f(t)dt$ $f(t) = C*\frac{d}{dt}e(t)$
Elément d'inertie	I	⊢⟶I ⟶⊣I	$e(t) = I*\frac{d}{dt}f(t)$ $f(t) = \frac{1}{I}\int e(t)dt$
Transformateur	TF	1⟶TF 2⟶ 1⊣ TF 2⊣	$e_2(t) = const*e_1(t)$ $f_1(t) = const*f_2(t)$ $f_2(t) = const*f_1(t)$ $e_1(t) = const*e_2(t)$
Gyrateur	GY	1⟶GY 2⟶ 1⊣ GY 2⊣	$f_2(t) = const*e_1(t)$ $f_1(t) = const*e_2(t)$ $e_2(t) = const*f_1(t)$ $e_1(t) = const*f_2(t)$

La figure 2.9 représente le Bond Graph d'une cellule photovoltaïque.

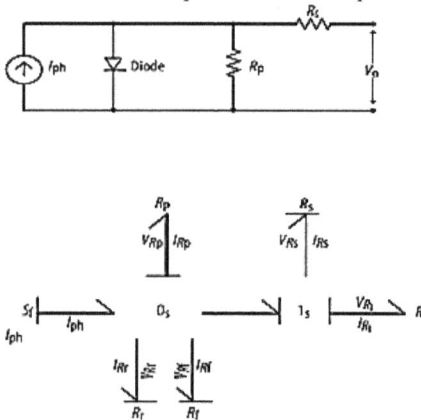

Figure 2.9: Bond Graph d'une cellule photovoltaïque [Venk et al-2012]

Dans ce modèle, la source de flux S$_f$ représente le courant photovoltaïque I$_{ph}$. La diode et la résistance parallèle (R$_p$) sont alors branchées en parallèle à la source de flux, en utilisant une jonction à zéro. Le fonctionnement en inverse de la diode est modélisé par sa résistance (R$_r$) et la résistance directe (R$_f$). La commutation entre les deux résistances dépend de la tension de seuil de la diode.

2.2.1.1 Loi de commande par modèle inverse

La loi de commande issue du Bond Graph inverse est déterminée en utilisant la bi-causalité.

Dans le cadre d'une causalité conventionnelle en Bond Graph, pour chaque lien l'effort est imposé d'un côté, et comme conséquence le flux est imposé de l'autre côté.

Par contre, la causalité dans un lien bi-causal peut être imposée indépendamment pour l'effort et le flux à l'extrémité de chaque lien. La figure 2.10 ci-dessous montre les relations causales et bi-causales en BG [Gawt-1995].

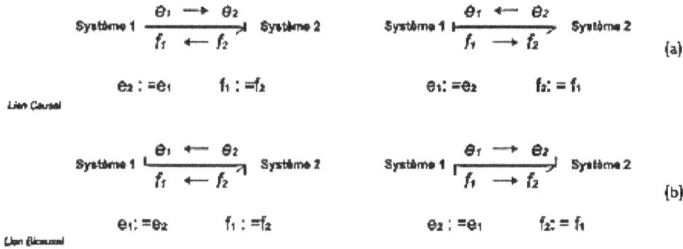

Figure 2.10: Relations causales et bi-causales en Bond Graph [Sanc-2010]

Pour construire le modèle inverse, les détecteurs deviennent des sources de flux ou effort selon le cas, et les sources deviennent des détecteurs. La figure 2.11 suivante illustre la bi-causalité entre détecteurs et capteurs.

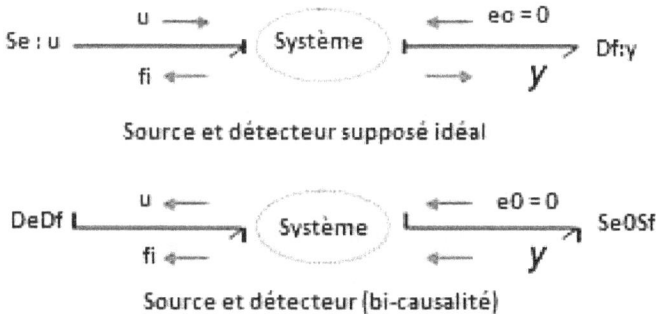

Figure 2.11: Bi-causalité des détecteurs et capteurs en BG [Sanc-2010]

Bond Graph constitue un bon outil, surtout pour la conception et la modélisation des systèmes, même s'il peut mener à une commande. En effet, du fait de la causalité qui est dérivée, nous avons une représentation qui s'éloigne de la réalité physique. La déduction de la commande n'est alors pas évidente

[Bous-2003]. C'est la raison pour laquelle, nous ne l'avons pas retenu comme outil de modélisation et de commande de notre système.

2.2.2 Graphe Informationnel Causal (GIC)

2.2.2.1 Principe

Le Graphe Informationnel Causal (GIC) est un outil de représentation graphique du traitement de l'information au sein d'un système. Il s'appuie sur la causalité des systèmes. Les entrées et sorties des éléments du système sont définies par rapport à leur causalité. Il met en exergue les relations de cause à effet intervenant dans le principe de fonctionnement des objets physiques par des pictogrammes [Haut-1996]. Il existe deux types de pictogrammes pour les objets élémentaires :

- Une flèche bidirectionnelle est associée à une relation instantanée qui peut être linéaire, mais indépendante du temps. Le modèle correspond à des objets dissipateurs d'énergie (ex: résistance, amortisseur) (Figure 2.12a),
- Un processeur causal est associé à un objet stockant de l'énergie (ex: capacité, inductance, masse, ressort), il est représenté par une flèche orientée (Figure 2.12b).

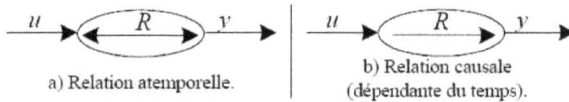

a) Relation atemporelle.   b) Relation causale (dépendante du temps).

Figure 2.12: objets élémentaires

C'est un mode de représentation qui organise les variables énergétiques d'un système dont on connait le fonctionnement [Bous-2003]. Il permet d'avoir une vision d'ensemble synthétique du système. La figure 2.13 représente le Graphe Informationnel Causal d'une machine à courant continu.

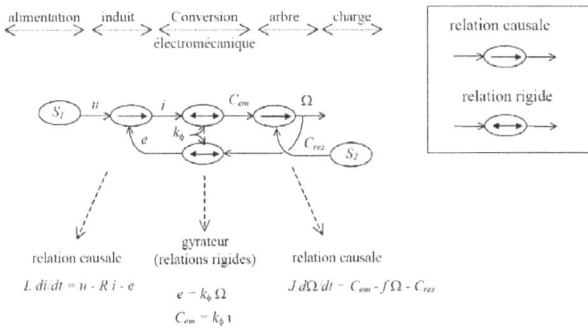

Figure 2.13: Graphe Informationnel Causal d'une machine à courant continu

Dans cet exemple, on remarque que le sens du transfert de la puissance n'est pas indiqué, contrairement au Bond Graph (réversibilité de la machine). On note aussi l'existence de boucles de rétroaction et de commande.

2.2.2.2 Loi de commande par modèle inverse

La commande est obtenue par inversion en fonction du cahier des charges. La figure 2.14 ci-desous illustre le principe de l'inversion appliqué avec le GIC.

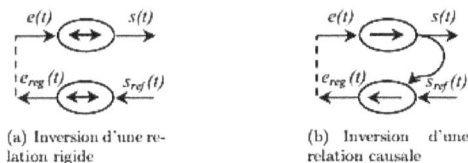

(a) Inversion d'une relation rigide

(b) Inversion d'une relation causale

Figure 2.14: Principe de l'inversion avec le GIC [Bous-2003]

Le GIC, dans sa conception, constitue un bon outil de conception et de commande. Il convient cependant davantage aux systèmes relativement simples. Dans le cas de notre étude, son utilisation donnerait une représentation assez complexe. C'est la raison pour laquelle nous ne l'avons pas retenu comme outil.

2.2.3 La Représentation Energétique Macroscopique (REM)

La Représentation Energétique Macroscopique (REM) est un outil de représentation graphique. Il a été développé par le Laboratoire d'Électrotechnique et d'Electronique de Puissance (L2EP) de Lille (France) dans les années 2000 [Bous-2003]. Ce formalisme a été établi à l'aide de deux autres outils de modélisation : le Graphe Informationnel Causal (GIC) et le formalisme Systèmes Multi machine Multi convertisseur (SMM) [Lhom-2007]. Les divers éléments sont décrits par des pictogrammes spécifiques (en formes et en couleurs), reliés par des flèches symbolisant les variables d'interaction entre les diverses composantes (les échanges énergétiques). La REM s'appuie sur la causalité intégrale exclusive, à l'instar du Bond Graph, mais est mieux adaptée aux systèmes multi-machines de taille macroscopique notamment [Bous-2002], car l'accent est mis sur les couplages entre ces systèmes.

2.2.3.1   Les éléments de la REM

Comme dit précédemment, les éléments de la REM sont des pictogrammes qui se distinguent par leurs formes et leurs couleurs. Cela permet de distinguer visuellement tous les éléments du système. Le principe de l'action et de la réaction permet de matérialiser les échanges d'énergie entre les éléments. Ainsi, on distingue globalement 3 types d'éléments [Bous-2003]:

- Les sources : elles constituent les éléments terminaux de la chaîne. Elles peuvent être des générateurs ou des récepteurs. Elles sont représentées par un pictogramme ovale de couleur verte. Elles sont caractérisées par une entrée et une sortie (voir tableau 2.4).
- Les accumulateurs : ce sont des éléments de stockage ou des réservoirs. Ils jouent le rôle de tampon entre deux éléments d'une chaîne. Ils sont représentés par un rectangle orange avec une barre oblique sur la diagonale. Ils possèdent une entrée et une sortie en amont et en aval (voir tableau 2.4).
- Les transformateurs (ou convertisseurs): ils n'accumulent pas d'énergie. Ils relient deux éléments équivalents ou non, et assurent la modulation d'une des variables sans prélèvement de puissance. Ils peuvent posséder une variable de réglage. Ils peuvent être mono (pictogramme carré), ou multi physiques (pictogramme rond).

- Les éléments de couplage : ils peuvent être mono (pictogramme composé de plusieurs carrés imbriqués) ou multi physiques (plusieurs ronds imbriqués) (voir tableau 2.3).

NB : en cas de présence de variable de réglage (exemple : rapport cyclique d'un hacheur), une entrée supplémentaire perpendiculaire aux autres est réalisée.

Tableau 2.3: Récapitulatifs des pictogrammes de la REM [Bous-2003]

Représentation Énergétique Macroscopique (REM)		
Paramètre Action et Réaction	action / réaction	deux flèches parallèles opposées
Source d'énergie		ovale vert clair avec bord vert foncé
Conversion d'énergie (même domaine)		carré orange avec bord rouge foncé
Conversion d'énergie (différents domaines)		cercle orange avec bord rouge foncé
Élément de couplage		carrés oranges imbriqués avec bord rouge foncé
Accumulation d'énergie		rectangle orange avec bord rouge foncé
Structure Maximale de Commande (SMC)		
Commande sans contrôleur		parallélogramme bleu clair avec bord bleu foncé
Commande avec couplage		parallélogrammes bleus clairs imbriqués avec bord bleu foncé
Commande avec contrôleur		parallélogramme bleu clair avec bord et barre bleu foncé
Bloc stratégique		parallélogramme cyan avec bord bleu foncé
Bloc d'estimation		parallélogramme magenta avec bord bleu foncé

Remarque :

- Règle de fusion

On ne peut pas relier directement deux éléments d'accumulation comme le montre la figure 2.15 suivante. En effet, ils imposent tous les deux la même variable d'état x_1 (il y a conflit !). Il faut alors fusionner les deux éléments en un seul élément équivalent.

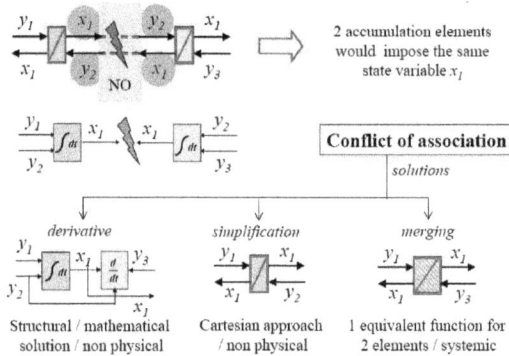

Figure 2.15: La règle de fusion [Bous-2003]

D'où la règle dite de concaténation : « *l'association de deux éléments d'accumulation peut être réalisée par concaténation pour résoudre un conflit de variable d'état* » [Bous-2003].

Exemple : Soit une machine à courant continu dont l'induit est alimenté à travers une inductance de lissage (figure 2.16).

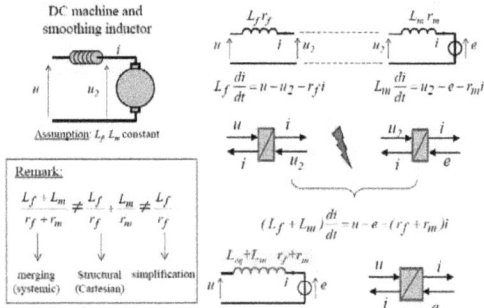

Figure 2.16: application de la règle de fusion avec une MCC alimentée à travers une inductance de lissage [Bous-2003]

Deux éléments d'accumulation (bobine de lissage et bobine de l'induit) se retrouvent en série. Ces deux bobines s'imposent mutuellement leur variable d'état (le courant) : il y a conflit si elles sont connectées directement. Il y a lieu de les fusionner pour régler le problème.

- Règle de permutation

Il s'agit du même problème avec un conflit lié aux variables d'état. La figure 2.17 montre que macroscopiquement, le système a le même comportement, que les éléments qui le composent soient permutés ou non. Cela laisse donc une souplesse dans l'agencement des éléments, qui permet de résoudre certains conflits de représentation.

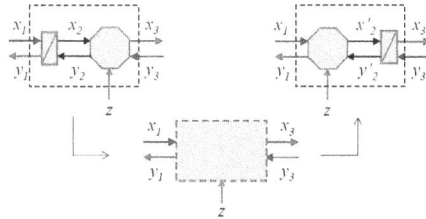

Figure 2.17: Règle de permutation

Soit l'exemple suivant (figure 2.18): une machine entrainant une charge par l'intermédiaire d'un réducteur.

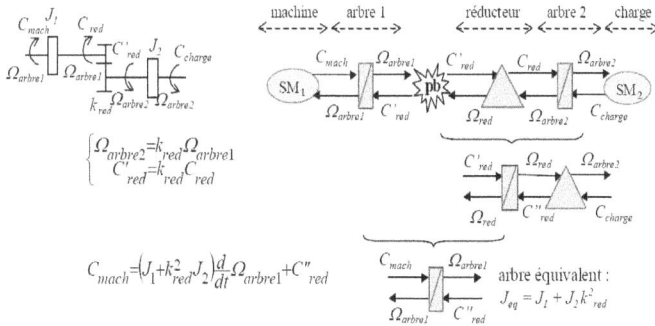

$$\begin{cases} \Omega_{arbre2} = k_{red}\,\Omega_{arbre1} \\ C'_{red} = k_{red}\,C_{red} \end{cases}$$

$$C_{mach} = \left(J_1 + k_{red}^2 J_2\right)\frac{d}{dt}\Omega_{arbre1} + C''_{red}$$

arbre équivalent :
$$J_{eq} = J_1 + J_2 k_{red}^2$$

Figure 2.18: Application de la règle de permutation

On note en effet un conflit, lié au fait que l'arbre moteur et le réducteur (élément d'accumulation) imposent chacun une variable d'état (la vitesse). Il faut alors considérer un seul élément d'accumulation (fusion entre l'arbre du moteur et le réducteur), après avoir permuté l'arbre du réducteur et le réducteur.

On définit la règle de permutation : « *un élément d'accumulation et un élément de conversion peuvent être permutés à condition qu'ils produisent le même effet sous les mêmes sollicitations* » [Bous-2003].

2.2.3.2   Réalisation de la commande

La structure de commande est réalisée à partir de l'inversion des éléments qui assurent la modification de l'énergie :

- inversion directe pour les éléments de conversion,

- inversion indirecte par un asservissement pour les éléments d'accumulation.

Les pictogrammes sont des losanges bleus (voir figure 2.16). La structure de commande déduite est appelée Structure Maximale de Commande (SMC), car elle demande un maximum de capteurs et un maximum d'opérations [Bous-2003].

NB : Une structure de commande pratique peut en être déduite par simplification et estimation des grandeurs mesurables.

La figure 2.19 ci-dessous illustre ce principe d'inversion pour générer la commande.

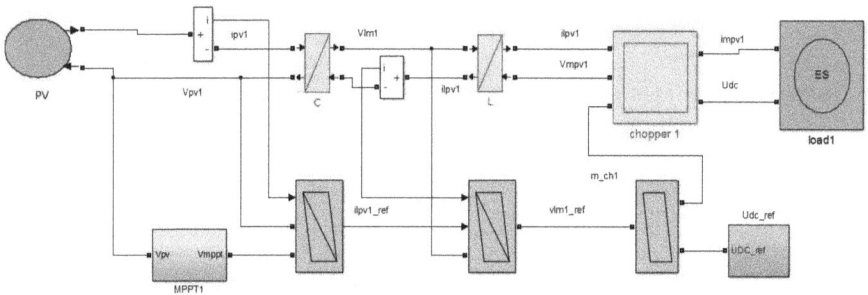

Figure 2.19: Elaboration de la commande par inversion

2.2.4   Bibliothèque développée au LGEP

La disposition des « entrées » et « sorties » des pictogrammes des éléments de la REM engendre beaucoup de croisements lorsqu'on les relie. Cela réduit la « lisibilité » des schémas. Pour remédier à cette difficulté et rendre les schémas plus faciles à comprendre, Ghislain Remy, de l'équipe de COCODI[12] du LGEP a développé une « astuce » consistant à insérer :

- Pour les « entrées » : un bloc « mesureur » de tension, ou « mesureur » de courant
- Pour les « sorties » : un bloc « source de tension contrôlée », ou « source de courant contrôlé »

La figure 2.20 ci-après montre l'intérêt d'une telle solution

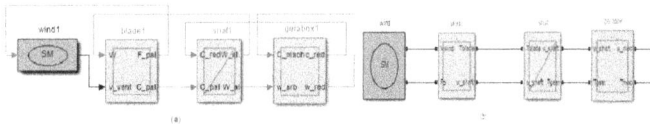

Figure 2.20: (a) Connexion de blocs avec la bibliothèque classique de la REM, (b) connexion de blocs avec la bibliothèque développée par le LGEP

On note l'amélioration dans la simplicité du schéma avec la bibliothèque améliorée de LGEP (figure 2.20 b).

La figure 2.21 ci-dessous montre l'intérieur d'un bloc avec la bibliothèque améliorée du LGEP.

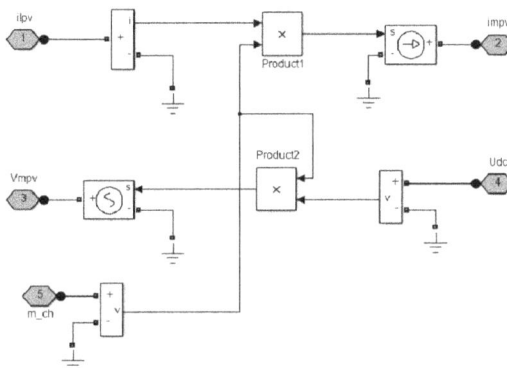

Figure 2. 21: intérieur d'un bloc avec la bibliothèque améliorée du LGEP

---

[12] COCODI : COnception, COmmande et DIagnostic

2.2.5   Conclusion sur les outils de représentation

Les trois formalismes que nous venons de voir (Bond Graph, GIC et REM) sont tous basés sur le principe de la causalité. Le Bond Graph est un outil de modélisation pour l'analyse et la simulation, en vue de la conception de systèmes physiques. Cependant, le GIC et la REM sont les seuls outils à prôner la causalité physique (intégrale exclusive). Ils ont ainsi développé une méthodologie de déduction de la commande des systèmes. Ils constituent alors des formalismes pour la simulation, et aussi pour la commande des systèmes. Ainsi, l'intérêt de ces démarches graphiques et fonctionnelles réside donc dans le développement systématique de structures de commande des systèmes énergétiques.

Par rapport au GIC, la REM améliore la lisibilité des schémas macroscopiques, en les rendant plus simples. C'est donc un outil facile à lire, utilisant une approche graphique pour la modélisation du système. Elle intègre les aspects fonctionnels avec une causalité intégrale et un choix d'entrée et de sortie en gardant l'aspect énergique.

Le tableau 2.4 fait la synthèse des différentes caractéristiques des outils de modélisation.

Tableau 2.4: Tableau comparatif des différents outils de représentation graphique des systèmes

Approches Caractéristiques	Bond Graph	GIC	REM
Domaines d'utilisation	Variés	Variés	Variés
Energétique	Oui	Partiel	Oui
Modulaire	Oui	Oui	Oui
Niveau de représentation	Composant	Composant	Macro
Causalité	Dérivée et intégrale	Intégrale uniquement	Intégrale uniquement
Visualisation	Graphique	Graphique	Graphique
Logiciels	20-Sim Matlab/Simulink	Matlab/Simulink	Matlab/Simulink
Contrôle	Nécessite la fonction de transfert	Oui	Oui

On constate que la REM réunit l'ensemble des caractéristiques citées. De plus, du fait de son principe basé sur les échanges d'énergie, elle convient mieux à notre étude.

2.3. Modélisation des composants du système

Les micro-réseaux sont des systèmes complexes qui font appel à l'utilisation de plusieurs composants. Pour notre cas, ces composants peuvent être classés en 4 catégories :

- les composants sources d'énergie : panneaux solaires, éolienne
- les composants utilisés pour le conditionnement de l'énergie : hacheur, onduleur, redresseur et régulateur de charge
- les composantes de stockage : batterie d'accumulateurs
- la charge

2.3.1 Générateur photovoltaïque

L'énergie solaire photovoltaïque désigne l'électricité produite par transformation d'une partie du rayonnement solaire (les photons) par une cellule photovoltaïque : c'est l'effet photovoltaïque. Il a été découvert en 1839 par Antoine Becquerel, qui a noté qu'une chaîne d'éléments conducteurs d'électricité donnait naissance à un courant électrique spontané quand elle était éclairée [Bern-1980] [Laug et al-1981]. La figure 2.6 montre la coupe transversale d'une cellule photovoltaïque. Elle est constituée de deux couches de silicium, une dopée P (positif) obtenue en ajoutant au silicium du bore, et l'autre dopée N (négatif), obtenue en dopant le silicium avec du phosphore. Les deux couches créent une jonction PN avec une barrière de potentiel. Lorsque les photons sont absorbés par le semi-conducteur, ils transmettent leur énergie aux atomes de la jonction PN, de telle sorte que les électrons de ces atomes se libèrent et créent des paires d'électrons-trous. Ceci crée alors une différence de potentiel entre les deux couches, mesurable entre les connexions des bornes positive et négative de la cellule. La figure 2.22 ci-dessous montre la coupe transversale d'une cellule photovoltaïque.

77

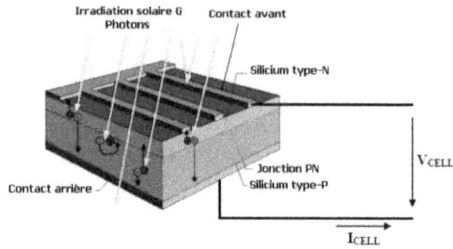

Figure 2.22: coupe transversale d'une cellule photovoltaïque

Pour disposer d'une puissance importante, les cellules sont associées en série/parallèle pour donner des modules, lesquels forment un panneau solaire. Plusieurs panneaux constituent un champ photovoltaïque (voir figure 2.23)

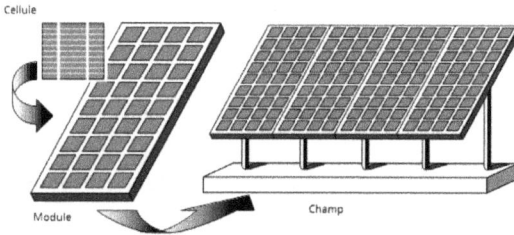

Figure 2.23: Cellule, module (ou panneaux) et champ photovoltaïque

Il existe plusieurs technologies pour la fabrication des cellules photovoltaïques :
- les technologies cristallines (multi cristallin et monocristallin) : elles sont de loin les plus utilisées aujourd'hui
- les technologies "couches minces" : elles se développent de plus en plus sur le marché.

NB : D'autres filières basées sur l'utilisation de colorants ou de matériaux organiques sont promues à un bel avenir.
Le tableau 2.5 ci-dessous fait la synthèse de ces technologies.

	Technologie	Part de marché mondial (2011)	Caractéristiques principales
Silicium	Mono cristallin	30 %	- Bon rendement : 13 à 19% (150 Wc/m²) - Coût de fabrication élevé - Durée de vie importante (environ 30 ans)
	Poly cristallin	57%	- Rendement moyen : 11 à 15% (100 Wc/m²) - Coût de fabrication modéré
	Silicium amorphe	3%	- Rendement : 6% - Coût de fabrication nettement plus bas
Couches minces	Tellurure de Cadmium (CdTe)	10%	- Grande stabilité dans le temps - Coût modéré
	Cuivre/Indium/Sélénium (CIS),		- Bon rendement - Coût plus élevé
	Cuivre / Indium /Gallium/Sélénium (CIGS)		
	Cuivre/Indium/Gallium/ Disélénide/ Disulphide (CIGSS)		
	Arséniure de Gallium (Ga-As)		- Haut rendement - Coût très élevé - Réservé essentiellement au domaine spatial

Au Sénégal, la technologie au silicium est la plus présente dans le commerce des panneaux solaires.

2.3.1.1 Modèle mathématique

Il existe dans la littérature plusieurs modèles pour une cellule photovoltaïque. Cependant, le plus couramment utilisé est décrit par la figure 2.24.

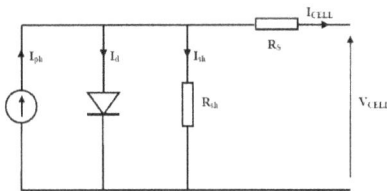

Figure 2.24: Schéma électrique équivalent de la cellule photovoltaïque

Dans ce schéma, le générateur de courant modélise le flux lumineux, la diode représente les phénomènes de polarisation, et les deux résistances (série et shunt) représentent respectivement la résistance de contact et de connexion et le courant de fuite au niveau de la jonction PN de la cellule.

Le courant I_{cell} fourni par la cellule PV, est exprimé par l'équation suivante :

$$I_{cell} = I_{ph} - I_d - I_{sh} \qquad (\text{II.1})$$

I_d est le courant de la diode, il est exprimé comme suit :

$$I_d = I_{sat}\left[\exp(\tfrac{V_{cell}+I_{cell}.R_s}{A.V_T})\right] \text{ avec : } V_T = \frac{k.Tc}{q} \qquad (\text{II.2})$$

$$I_{ph} = I_{cc} * \frac{G}{G_r}[1 + k_t(T^* - T_c)] \qquad (\text{II.3})$$

Dans cette équation, on a :

- I_{sat} : courant de saturation de la diode,
- A : facteur d'idéalité de la jonction (A=2 pour une diode idéale),
- V_T : potentiel thermodynamique,
- k : constante de Boltzmann (2,380658.10^{-23} J/°K),
- q : charge de l'électron (2,6022.10^{-29} C),
- T_c : température de la cellule en degré Kelvin (°K)
- I_{cc} : courant de court-circuit
- G : irradiance en W/m^2
- Gr : irradiance de référence (vaut 1000W/m^2)
- k_t : coefficient de température en A/°K
- T° : température de la cellule en °K
- Tc : température de la fonction (vaut 298,55°K)

Le courant de la cellule PV, peut alors s'écrire sous la forme [Bern-1980]:

$$I_{cell} = I_{ph} - I_{sat}\left[\exp\left(q.\frac{V_{cell}+I_{cell}.R_s}{A.k.Tc}\right)\right] - \frac{V_{cell}+I_{cell}.R_s}{R_{sh}} \qquad (\text{II.4})$$

La puissance délivrée par la cellule est exprimée par :

$$P_{cell} = V_{cell}.I_{ph} - V_{cell}.I_{sat}\left[\exp\left(q.\frac{V_{cell}+I_{cell}.R_s}{A.k.Tc}\right)\right] - V_{cell}.\frac{V_{cell}+I_{cell}.R_s}{R_{sh}} \qquad (\text{II.5})$$

De ces équations, on obtient les courbes caractéristiques I=f(V) et P=f(V) de la cellule, illustrées dans la figure 2.25:

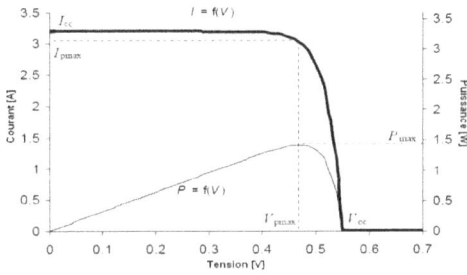

Figure 2.25: Caractéristiques I=f(V) et P=f(V) d'une cellule photovoltaïque [BelK-2009]

Il apparait sur la courbe de puissance que la puissance maximale P_{max} est obtenue à un point de fonctionnement donné par le couple I_{pmax}, V_{pmax}. Par ailleurs, la tension et la puissance de la cellule dépendent du niveau d'éclairement et de la température. Les figures 2.26, 2.27, 2.28, et 2.29 illustrent ces variations [BelK-2009].

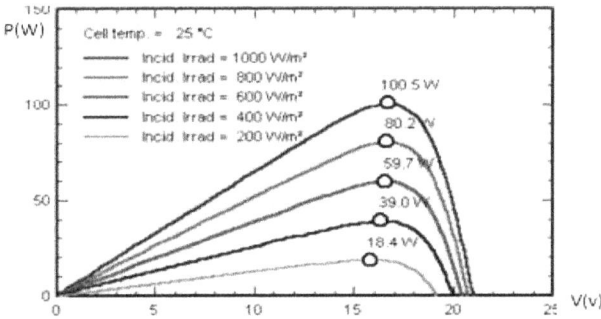

Figure 2.26: Variation de la puissance d'un panneau pour différentes valeurs d'irradiation

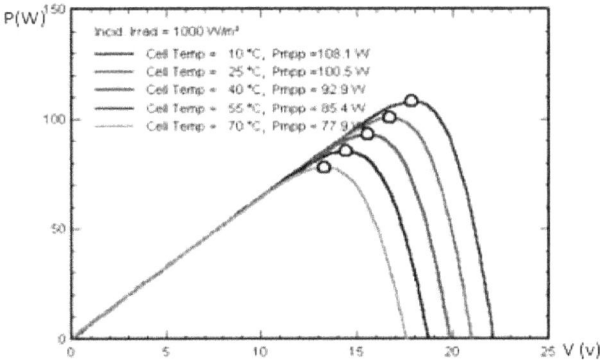

81

Figure 2.27: Variation de la puissance d'un panneau pour différentes températures

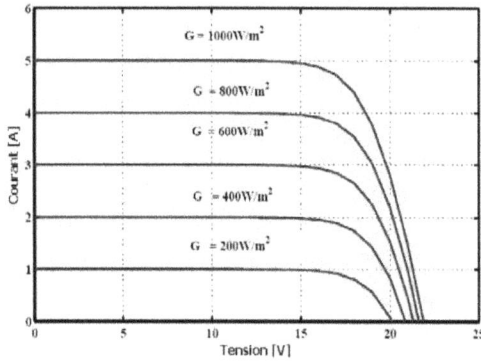

Figure 2.28: Variation du courant d'un panneau pour différentes valeurs d'irradiation

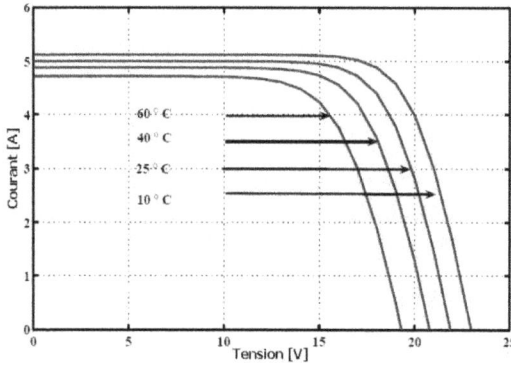

Figure 2.29: Variation du courant d'un panneau pour différentes températures

Dans l'idéal, il s'agira de tirer le maximum de puissance de la cellule, quel que soit le niveau d'éclairement : c'est le rôle de la MPPT (Maximum Power Point Tracking) (voir figure 2.30).

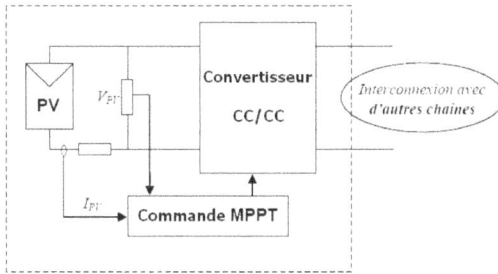

Figure 2.30: Schéma d'un panneau PV avec son convertisseur cc/cc et sa commande MPPT

Cette commande fait varier le rapport cyclique du convertisseur statique de telle sorte que, quelles que soient les conditions météorologiques (irradiation solaire et température), le système fonctionne à son point de puissance maximale (Vmpp, Impp) équivalent à V_{pmax} et $I_{pmax,}$ afin d'extraire à chaque instant le maximum de la puissance disponible aux bornes du panneau PV. Plusieurs algorithmes ont été développés pour déterminer le MPP. Parmi ces méthodes, on peut citer notamment:

- la méthode «perturber et observer» (P&O), [Bahg et al-2005] [Hohm et al-2000] [Remy et al-2009]
- la méthode d'incrémentation de la conductance différentielle [Huss et al-2005] [Hohm et al-2000]
- la logique floue (Fuzzy Logic Control) [Cocc et al-1990]
- la méthode à base des réseaux de neurones (Neural Network) [Veer et al-2003]
- la méthode « Open Voltage » (OV) [Fara et al-2008]
- la méthode « Constant Voltage » (CV) [Fara et al-2008] [Hohm et al-2000]

La méthode P&O, en raison de sa simplicité de mise en œuvre, est largement utilisée malgré son manque de précision (en effet elle ne suit pas exactement le point de puissance maximale quand l'irradiation solaire varie rapidement à cause de sa faible vitesse de recherche).

2.3.1.2 Modélisation multi niveau

La cellule peut être représentée par des modèles ayant des niveaux de complexité différents selon l'usage que l'on souhaite en faire. Le modèle peut être statique ou dynamique, numérique ou semi analogique.

L'analyse des équations du modèle mathématique et des courbes permet de constater qu'il existe des paramètres intrinsèques (liés à la constitution interne de la cellule), et des paramètres extrinsèques (conditions météorologiques), pour le fonctionnement de la cellule photovoltaïque. Pour une cellule donnée, la puissance délivrée (grandeur de sortie), qui est le produit de la tension par le courant, dépend de la température et de l'éclairement (grandeurs d'entrée). Donc, le modèle développé sous Matlab/Simulink sera constitué de blocs avec comme entrées la température T_c et l'éclairement G, et comme sorties la puissance P, la tension V et le courant I. Suivant le nombre de modules et leurs couplages (série/parallèle), on aura des blocs « gains » pour constituer les panneaux photovoltaïques (voir figure 2.31).

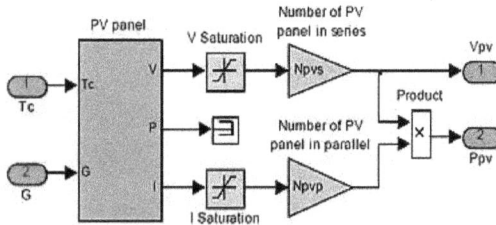

Figure 2.31: Représentation d'un générateur PV sous Matlab/Simulink

2.3.1.2.1 Modèle statique et numérique

Ce modèle numérique s'appuie sur la relation entre la puissance extraite, l'irradiance et la température. Cette relation est tabulée pour faire correspondre à chaque couple (Tc, G) une puissance P. Ce modèle est statique, et ses performances sont liées au pas de discrétisation du tableau. Il présente par contre l'avantage d'être simple à réaliser. Cependant, il ne permet pas de faire de la conception.

La recherche de la puissance maximale grâce à un algorithme se fera en parcourant un tableau de valeurs (look up table) correspondant aux MPP. La figure 2.32 illustre cette solution.

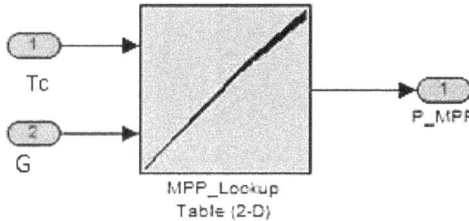

Figure 2.32: Représentation d'un générateur PV par modèle utilisant Look up Table sous Matlab/Simulink

La figure 2.33 montre l'évolution de la MPP pour une température variant de 5 à 50°C, et une irradiance variant de 100 à 1000 w/m².

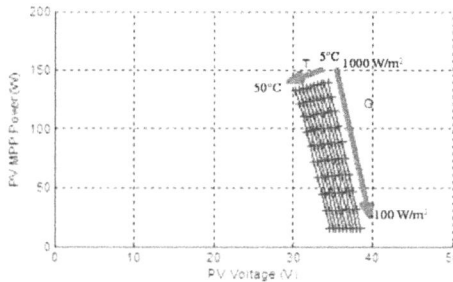

Figure 2.33: Réglage de la MPPT pour différentes températures et différentes irradiances

2.3.1.2.2 Modèle semi analytique de type circuit électrique

Le module du générateur photovoltaïque de la figure 2.19 montre qu'il peut être considéré comme une source de courant ou une source de tension contrôlée. Le générateur peut alors être modélisé par un circuit électrique dont la résolution numérique des équations analytiques permet d'accéder aux grandeurs P, I et V du générateur. Ce modèle est également de type dynamique.

On peut s'appuyer sur Simulink et sa boite à outils SimPowerSystem, et obtenir le schéma représenté sur la figure 2.34.

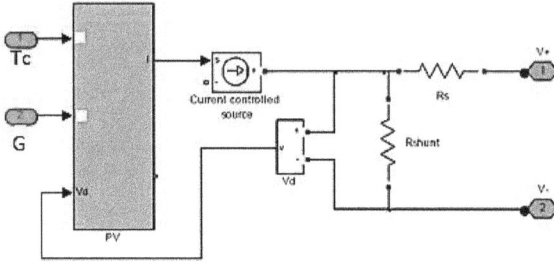

Figure 2.34: Représentation d'un générateur PV par SimPowerSystem Toolbox sous Matlab/Simulink

Le modèle est composé d'un bloc ayant comme entrées la température et l'irradiation. Les relations décrites précédemment (équations II.1, II.2 et II.3) permettent de générer le courant et la tension. Le détail est donné dans la figure 2.35 suivante.

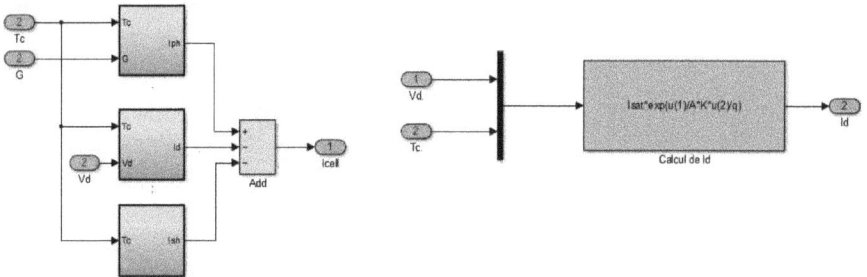

Figure 2.35: Détail du modèle SimPowerSystem

2.3.1.2.3 Modèle semi analytique

Le générateur PV et la MPPT peuvent être modélisés par des équations analytiques qui incluent aussi bien le fonctionnement du générateur (représenté par les équations) que celui de l'algorithme de la MPPT. Ces équations sont ensuite résolues par des méthodes numériques. Ce modèle semi analytique et dynamique est décrit dans un langage de programmation, en l'occurrence celui de Matlab. Il permet aussi à l'utilisateur de développer son modèle et de disposer des interfaces graphiques pour modifier les paramètres. Ce bloc est défini par l'utilisateur. Il est écrit sous Matlab. Les paramètres supplémentaires peuvent être spécifiés sur la fenêtre «Fonction Bloc Parameters ». Un fichier source est inséré pour la construction du code généré (voir figure 2.36).

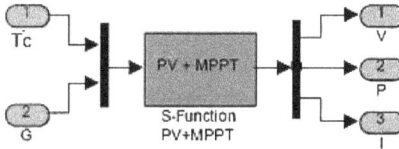

Figure 2.36: Représentation d'un générateur PV par la S-function sous Matlab/Simulink

Figure 2.37: Fenêtre de la Function Bloc Parameters permettant de fixer les paramètres de la cellule

2.3.1.2.4 Modèle numérique (tabulé)

Pour la commande de notre système, nous avons utilisé un modèle de panneau photovoltaïque associé à une MPPT simplifiée (voir figure 2.38).

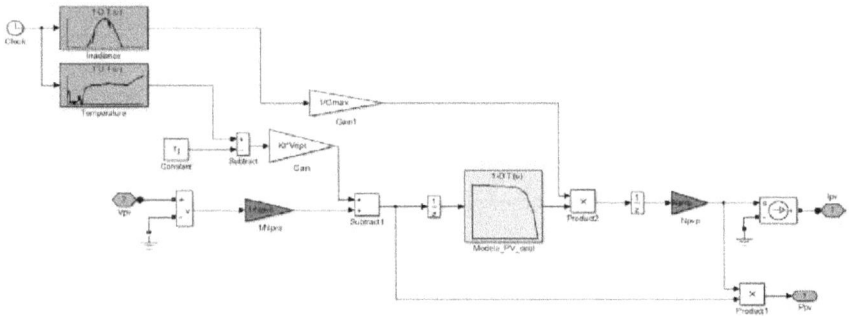

Figure 2.38: Modèle dynamique et numérique du panneau solaire associé à la MPPT

Les valeurs de I_{pv} et V_{pv} permettent de tracer la caractéristique $I = f(v)$ du panneau en question (Modèle_PV_seul), en utilisant un bloc look up table. La donnée d'entrée U_{pv} dépend de la température du panneau et sa valeur optimale est exprimée :

$$V_{pmax} = (T^{\,o} - T_c) * k_t * V_{opt} + V_{pv} * {}^1\!/N_{pvs} \qquad (\text{II.6})$$

Avec :
- V_{pmax} : tension maximale du panneau
- T^o : température de la cellule
- Tc : température de la jonction, elle est égale à 25°C
- K_t : coefficient de température de la cellule, elle est égale à 0,077
- V_{opt} : tension optimale de la cellule pour une irradiance de 1000w/m^2, elle est égale à 42,8v
- V_{pv} : tension du panneau
- N_{pvs} : nombre de panneau en série

Le courant maximal issu du panneau dépend de l'irradiance G. Elle est exprimée par :

$$i_{pmax} = i_{pv} * {}^1\!/G_r * N_{pvp} \qquad (\text{II.7})$$

Avec :
- I_{pmax} : courant maximal
- i_{pv} : courant du panneau
- G_r : irradiance de référence, elle est égale à1000w/m^2

- N_{pvp} : nombre de panneaux en parallèle

2.3.1.3   Comparaison entre les modèles

Nous disposons donc de quatre modèles représentatifs du générateur photovoltaïque. A partir de quatre critères que sont: (i) le temps de calcul, (ii) le domaine de validité du modèle (statique, dynamique), (iii) la complexité du modèle, (iv) la facilité de réglage (paramétrage), on peut dire que le modèle utilisant la S-Function est plus adapté pour le dimensionnement et l'analyse. En effet, malgré le besoin d'une certaine expertise en programmation, ce modèle nécessite un temps de calcul raisonnable. Par contre pour le contrôle, le modèle dynamique et numérique de la figue 2.38 sied le mieux grâce à sa simplicité, et demande moins de temps de calcul. Le tableau 2.6 ci-dessous fait la synthèse des modèles décrits.

Tableau 2.6: Tableau comparatif des différents modèles de panneau PV utilisés

Modèle	Temps de calcul	Domaine de validité	Complexité	Facilité de réglage
Modèle statique et numérique (look up table)	+	Statique	+	-
Modèle semi analytique de type circuit électrique	0	Dynamique	++	+
Modèle semi analytique (S function)	++	Dynamique	-	++
Modèle dynamique et analytique	++	Dynamique	++	++

++ : Très bien ; + : Bien ; 0 : Moyen ; - : Passable ; -- : Mauvais

2.3.2   Générateur éolien

L'énergie éolienne est l'énergie tirée du vent au moyen d'un dispositif utilisant l'énergie cinétique du vent (exemple : éolienne, moulin à vent…). Elle tire son nom d'Éole, le Dieu des vents dans la Grèce antique.

Utilisé dans la production de l'énergie électrique, le générateur éolien transforme l'énergie cinétique du vent en énergie électrique, grâce à la rotation du rotor du générateur.

Il porte alors le nom d'aérogénérateur. Il est constitué principalement de trois parties, comme le montre la figure 2.39 : les pales, la nacelle et le mât.

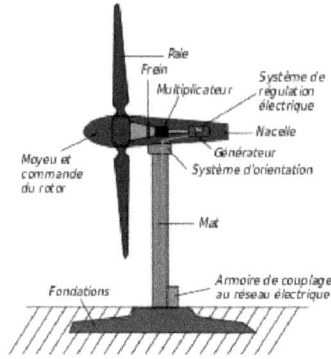

Figure 2.39: Aérogénérateur à axe horizontal

La nacelle contient l'ensemble du dispositif de transmission du mouvement et de transformation de l'énergie mécanique issue de la rotation de l'axe du rotor de la génératrice (voir figure 2.40).

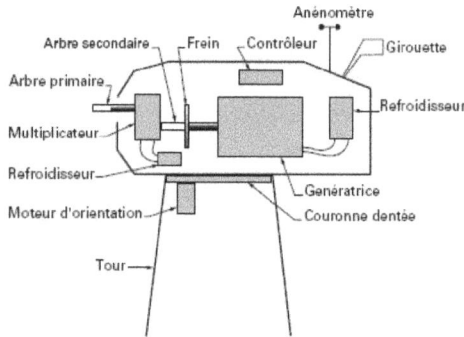

Figure 2.40: Vue intérieure d'une nacelle d'un générateur à axe horizontal

Au Sénégal, l'utilisation de l'éolienne pour la production de l'énergie électrique est encore marginale. Il faut noter à ce titre que la technologie des éoliennes à axe horizontal est la seule présente.

2.3.2.1 Différents types d'aérogénérateurs

Malgré la multiplicité des technologies utilisées dans la fabrication des aérogénérateurs, on distingue deux familles d'éolienne : les éoliennes à axe horizontal et les éoliennes à axe vertical.

- les éoliennes à axe horizontal (HAWT : Horizontal Axis Wind Turbine): elles sont de loin les plus utilisées. Elles utilisent des voilures à 2, 3 pales voire plus (voir figure 2.40). Cette voilure peut être placée avant la nacelle (upwind). On peut utiliser dans ce cas un système mécanique d'orientation de la surface active de l'éolienne « face au vent ». Une autre solution plus simple consiste à supprimer toute mécanique d'orientation et l'emplacement de la turbine derrière la nacelle (downwind). Dans ce cas, la turbine se place automatiquement face au vent [Mire-2005] [Ahma-2010].

- les éoliennes à axe vertical (VAWT : Vertical Axis Wind Turbine) : elles sont peu répandues. On distingue principalement les turbines Darrieus classiques ou à pales droites (H-type), et la turbine de type Savonius. Toutes ces voilures sont à deux ou plusieurs pales. Elles présentent l'intérêt de s'adapter à toute direction de vent (pas besoin d'un système d'orientation). Aussi, l'emplacement de la partie électrique en bas du dispositif en facilite la maintenance. Cependant, elles sont souvent soumises à des incidents mécaniques, d'où la nécessité d'utiliser des haubans pour les stabiliser. Aussi leur rendement est relativement faible, et elles nécessitent un dispositif pour leur démarrage. La figure 2.41 illustre ces types de voilure [Mire-2005] [Ahma-2010].

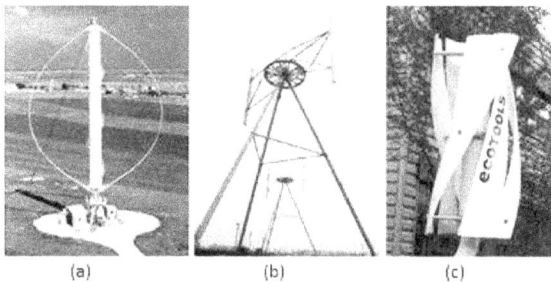

(a) (b) (c)

Figure 2.41: Types de voilures pour éolienne à axe vertical a) Darrieus, b) Darrieus de type H, c) Savonius [Mire-2005]

2.3.2.2 Analyse et expressions des grandeurs caractéristiques de l'éolienne

2.2.2.1.1 Puissance récupérable par une éolienne

Soit une masse d'air m qui se déplace à une vitesse v, son énergie s'écrit :

$$E_c = \frac{1}{2}mv^2 \tag{II.8}$$

Si pendant l'unité de temps, cette énergie pouvait être complètement récupérée à l'aide du rotor qui balaie une surface S, située perpendiculairement à la direction du vent, la puissance instantanée P_v fournie serait alors :

$$P_v = \frac{1}{2}\rho S v^3 \tag{II.9}$$

où ρ est la masse volumique de l'air.

Cependant, les pales ne peuvent pas récupérer toute cette puissance. En effet, si on considère un tube de courant du vent traversant perpendiculairement le plan du rotor comme le montre la figure 2.42, on constate qu'après avoir traversé l'éolienne, le vent continue de souffler.

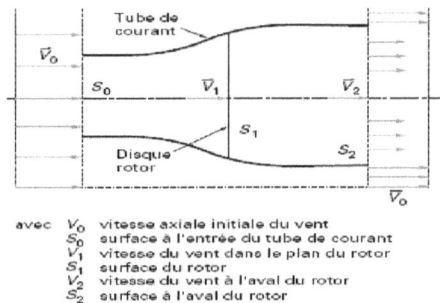

avec
V_0 vitesse axiale initiale du vent
S_0 surface à l'entrée du tube de courant
V_1 vitesse du vent dans le plan du rotor
S_1 surface du rotor
V_2 vitesse du vent à l'aval du rotor
S_2 surface à l'aval du rotor

Figure 2.42: Tube de vent traversant une éolienne

Cela prouve donc que toute la puissance fournie par le vent n'est pas récupérée par l'éolienne. L'éolienne récupère une puissance $P_e < P_v$.

On en déduit alors le coefficient de puissance de l'aérogénérateur, par la relation :

$$C_p = \frac{P_e}{P_v} \quad C_p < 1 \tag{II.10}$$

Ce coefficient caractérise l'aptitude de l'aérogénérateur à capter de l'énergie éolienne.

La puissance correspondante est donc donnée par :

$$P_e = \frac{1}{2}\rho S v^3 \tag{II.11}$$

On peut estimer la valeur maximale de ce coefficient, donc la puissance maximale qui peut être récupérée avec une turbine éolienne, en appliquant la limite de Betz.

$$C_{pmax} = \frac{16}{27} = 0,593 \tag{II.12}$$

La puissance maximale récupérable est donnée par la formule :

$$P_{emax} = \frac{8}{27}\rho S v^3 \tag{II.13}$$

La valeur du coefficient de puissance C_p dépend de la vitesse de rotation de l'éolienne, et peut s'exprimer en fonction de la vitesse spécifique λ :

$$C_p = C_p(\lambda) \tag{II.14}$$

$$\text{Avec :} \lambda = \frac{R\Omega}{v} \tag{II.15}$$

où R.Ω est la vitesse linéaire périphérique en bout de pale.

La figure 2.43 montre l'évolution du coefficient de puissance C_p mesuré pour des turbines à axe horizontal à 1, 2, 3 ou 4 pales.

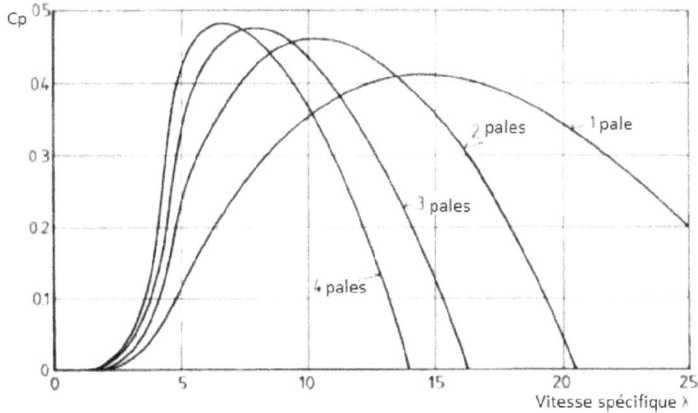

Figure 2.43: Coefficient de puissance Cp en fonction de la vitesse spécifique et du nombre de pales [Acke-2005]

Notons que sa valeur reste bien en dessous de la limite de Betz (0,59). Ces courbes dépendent également du profil des pales. Si on considère la machine tripale, on peut dire que son coefficient de puissance est maximal pour $\lambda \cong 7$, c'est-à-dire une vitesse périphérique en bout de pale égale à 7 fois la vitesse du vent. C'est pour une telle vitesse normalisée que l'on maximise le rendement aérodynamique [Acke-2005].

2.2.2.1.2 Régulation de la puissance d'une éolienne

La puissance récupérée par l'éolienne est proportionnelle au cube de la vitesse (en effet $P_v = \frac{1}{2}\rho C_p S v^3$). La puissance varie en fonction de la vitesse selon l'allure de la figure 2.44.

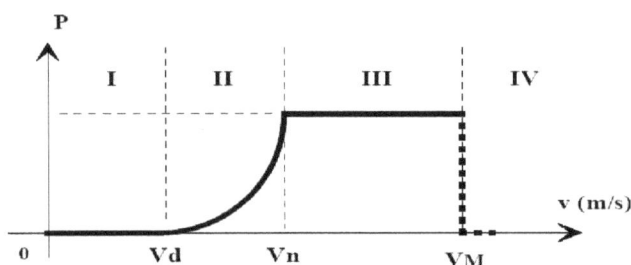

Figure 2.44: Puissance d'une éolienne en fonction de la vitesse

On appelle:

-V_d : la vitesse de démarrage, à partir de laquelle l'éolienne commence à fournir de l'énergie,

-V_n : vitesse nominale de l'éolienne,

-V_M : vitesse maximale du vent, au-delà de laquelle la turbine est arrêtée pour des raisons de sécurité

Les vitesses V_d, V_n, V_M définissent quatre zones sur le diagramme de la puissance en fonction de la vitesse du vent (Figure 2.25):

-la zone I ($0 \leq v \leq V_d$): P = 0 (la turbine ne produit pas d'énergie électrique),

-la zone II ($V_d \leq v \leq V_n$): la puissance fournie sur l'arbre dépend de la vitesse du vent v,

-la zone III ($V_n \leq v \leq V_M$) : la vitesse de rotation est maintenue constante, la puissance P fournie reste égale à P_n,

-la zone IV ($v \geq V_M$) : on a dépassé la vitesse maximale ; l'éolienne est freinée pour des raisons de sécurité.

2.2.2.1.3 Contrôle de la puissance

En raison de la variation imprévisible des vents, il s'avère nécessaire de mettre en place un dispositif de régulation. Plusieurs techniques de contrôle aérodynamique peuvent être utilisées pour réguler la puissance délivrée par un aérogénérateur.

- **Système « pitch » ou « à pas variable »**

Il permet d'ajuster la portance des pales à la vitesse du vent, pour maintenir une puissance sensiblement constante dans la zone III de vitesse. La régulation consiste à faire pivoter la pale autour de son axe longitudinal. Cependant, ce mécanisme de pas variable ajoute de la complexité à l'éolienne, car on a besoin d'une certaine quantité d'énergie et de l'électronique de contrôle pour mouvoir les pales qui peuvent peser plusieurs tonnes. Il est utilisé pour des éoliennes de moyenne ou de forte puissance (quelques centaines de kW).

- **Système « stall » ou à « décrochage aérodynamique »**

Il est plus robuste, car c'est la forme des pales qui conduit à une perte de portance au-delà d'une certaine vitesse de vent, mais la courbe de puissance chute plus vite : c'est une solution passive.

2.2.2.1.4 Variabilité du vent

La vitesse du vent est une variable aléatoire continue. La connaissance de ses paramètres statistiques est indispensable pour évaluer le gisement éolien d'un site. Ces variations sont modélisées par des distributions statistiques ; la mieux adaptée pour représenter la vitesse du vent est la distribution de Weibull [Acke-2005]. Elle est caractérisée par la fonction de répartition F(v) et la densité de probabilité f(v). On appelle fonction de répartition F(v) la probabilité que la vitesse du vent soit inférieure à une certaine valeur v. Elle s'écrit sous la forme :

$$F(v) = 1 - e^{\left[-\left(\frac{v}{c}\right)^{k_v}\right]} \tag{II.16}$$

Avec :

- k_v : paramètre de forme caractérisant la répartition du vent (sans dimension).
- c : paramètre d'échelle caractérisant la vitesse du vent en m/s.
- v : vitesse instantanée du vent en m/s.

La densité de probabilité f(v) est la dérivée de F(v)

$$f(v) = \frac{dF(v)}{dv} \tag{II.17}$$

$$\text{Donc,} f(v) = \left(\frac{k_v}{c}\right)\left(\frac{v}{c}\right)^{k_v-1} e^{\left[-\left(\frac{v}{c}\right)^{k_v}\right]} \tag{II.18}$$

La vitesse moyenne du vent est obtenue par l'expression suivante:

$$V_{moy} = \int_0^\infty v. f(v) dv \tag{II.19}$$

Les coefficients k_v et c peuvent être exprimés par :

$$kv = 1 + 0{,}483\left(V_{moy} - 2\right)^{0.51} \tag{II.20}$$

$$c = \frac{1{,}125 \times V_{moy}}{(1-B))} \tag{II.21}$$

$$\text{où } B = 1 - 0{,}81\left(V_{moy} - 1\right)^{0.089} \tag{II.22}$$

La figure 2.45 suivante montre la distribution de la vitesse du vent et de l'énergie correspondante, pour différents couples de paramètres de la distribution.

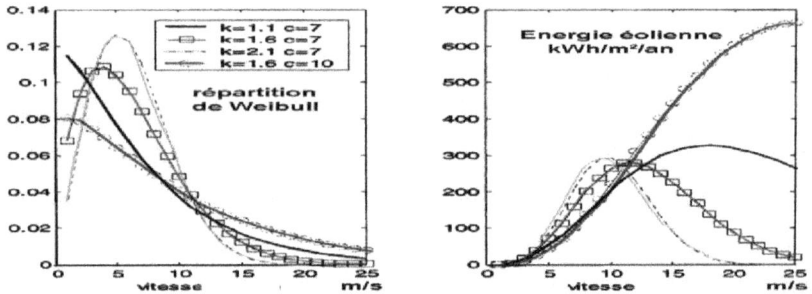

Figure 2.45: Distribution du vent et énergie correspondante [Acke-2005]

2.2.2.1.5 Gradient de vent :

La vitesse du vent est également fonction de l'altitude. En effet la loi (empirique) de Davenport et Harris exprime cette dépendance par la relation :

$v(H) = v_0 \left(\frac{H}{H_0}\right)^\alpha$ [Acke-2005]   (II.23)

Avec :

- v_0 : la vitesse du vent à une hauteur de référence donnée H_0,
- v : la vitesse du vent à une hauteur H quelconque
- α : coefficient de rugosité du sol, compris entre 0,1 et 0,4 (0,1 correspond
  à la mer, 0,16 à une plaine, 0,28 à une forêt et 0,4 à une zone urbaine).

Ainsi la vitesse du vent augmente avec l'altitude (voir figure 2.46). Ce qui justifie la hauteur de certains mâts d'éolienne.

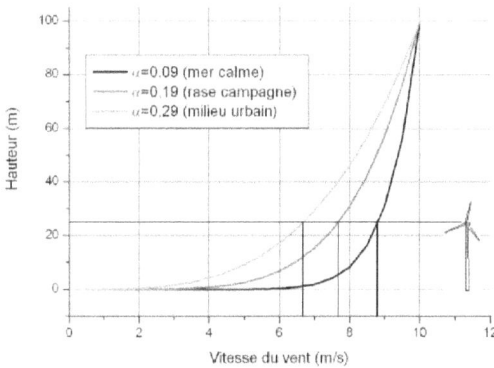

Figure 2.46: Variation de la vitesse du vent en fonction de la hauteur pour différentes rugosités [Dele-2012]

2.3.2.3   Modélisation multi niveau

2.3.2.3.1 Modèle statique

Les équations mathématiques présentées dans le précédent paragraphe permettent d'établir l'expression de la puissance fournie par l'éolienne. En effet, pour une éolienne donnée installée sur un site, la puissance récupérable dépend de ses dimensions (rayon ou généralement la surface balayée) et de la vitesse du vent. Donc, le modèle développé sous Matlab Simulink sera constitué d'un bloc, avec comme entrées le rayon de la turbine, la vitesse de vent et le coefficient de puissance C_p. La sortie détermine la puissance, exprimée dans l'équation II.10 (voir figure 2.47).

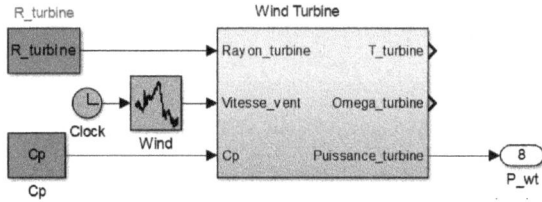

Figure 2.47: Représentation d'un générateur éolien par modèle sous Matlab/Simulink

La figure 2.48 donne les détails de ce modèle.

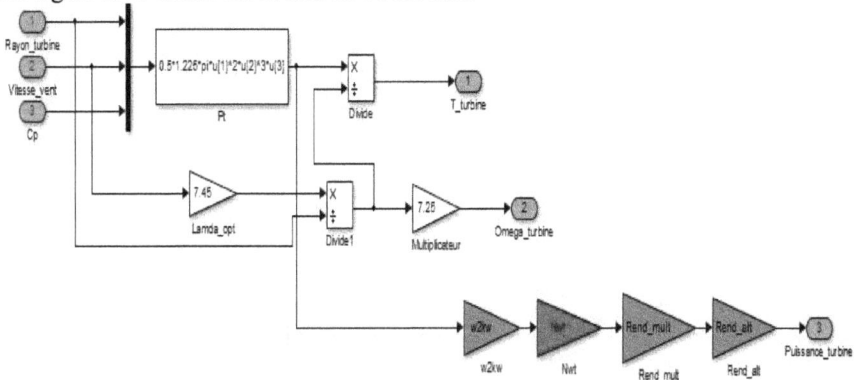

Figure 2.48: Détail du bloc pour une éolienne de 1Kw

Dans ce modèle, certain paramètres comme le coefficient de puissance C_p et le rapport de transmission ont été fixés d'avance. Cp, dépend de la vitesse angulaire du rotor Ω et de la vitesse du vent v. Cependant, pour les besoins du dimensionnement, nous avons fixé Cp à sa valeur maximale (0,597) ; ce qui correspond à Lamda_opt égale à 7,45. La valeur de 7,25 attribuée au rapport de transmission correspond à une valeur standard pour les turbines éoliennes.

2.3.2.3.2 Modèles dynamiques

- **Modèle utilisant SimPowerSystem Toolbox**

C'est un modèle basé sur les caractéristiques de puissance à l'état d'équilibre de la turbine. La rigidité du train d'entraînement est infinie, le coefficient de frottement et le moment d'inertie de la turbine doivent être combinés avec ceux du générateur couplé à la turbine. La puissance de sortie de la turbine est donnée par l'équation II.8. L'utilisateur introduit les paramètres électriques et mécaniques de son éolienne (voir figure 2.49).

Dans ce modèle, A, B, C constituent les sorties du générateur triphasé. La sortie m est le vecteur de mesures, dans lequel on retrouve entre autres la puissance, le couple et la vitesse de la turbine. L'entrée « Trip » est participe à la boucle de contrôle de la turbine, alors que « Wind » est une entrée pour la vitesse du vent.

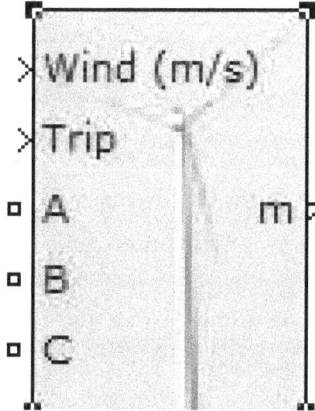

Figure 2. 49: Modèle de l'éolienne sous SimPowerSystem

Le modèle de la turbine est illustré dans la figure 2.50 suivante. Les trois entrées sont la vitesse de la génératrice (Generator speed), l'angle d'inclinaison en degrés des pales (Pitch angle) et la vitesse du vent (Wind speed) en m/s. La sortie est le couple appliqué sur l'arbre du générateur.

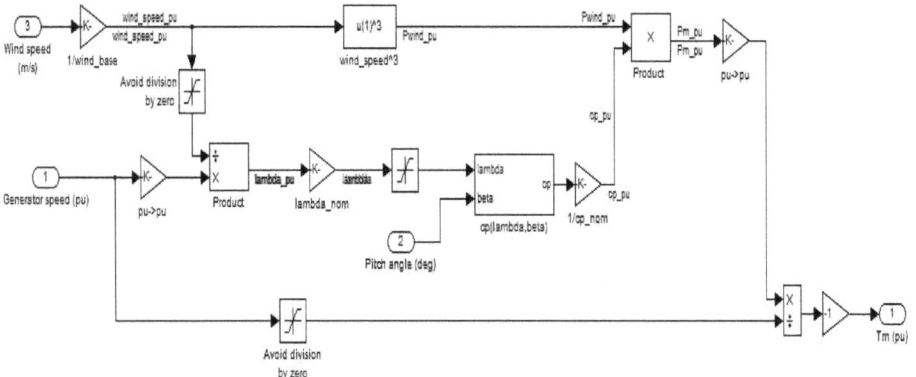

Figure 2.50: Modèle de la turbine

La figure 2.51 ci-dessous donne un exemple de paramétrage d'une turbine éolienne utilisant le modèle sous SimPowerSystem.

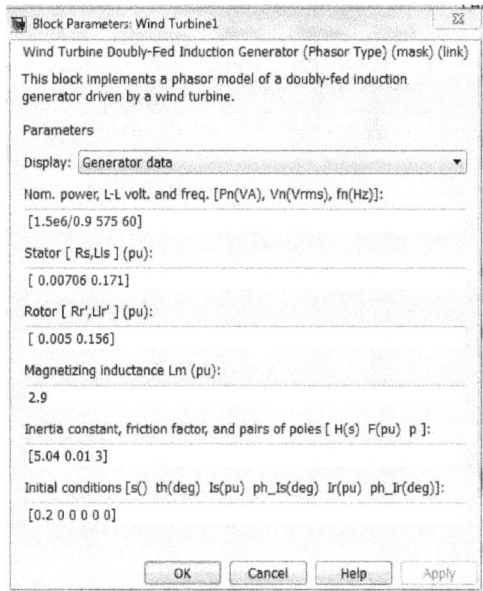

Figure 2.51: Paramétrage de l'éolienne sous SimPowerSystem

- **Modèle utilisant le code FAST**

Le code FAST (Fatigue, Aerodynamics, Structures, and Turbulence) est un simulateur capable de prédire à la fois les charges extrêmes et la fatigue d'éoliennes à axe horizontal de deux et trois pales. Il a été développé par la NREL (National Renewable Energy Laboratory). Il contient une interface développée entre FAST et Matlab/Simulink, permettant aux utilisateurs de mettre en œuvre des méthodes de contrôle avancées de turbine dans l'environnement de Simulink. Les sous-programmes FAST sont compatibles avec Matlab, afin d'utiliser les équations S-Function de FAST, qui peuvent être incorporées dans un modèle de Simulink. Cela introduit une grande flexibilité dans la mise en œuvre du contrôle des éoliennes lors de la simulation. Le contrôle du générateur de couple, la commande de la nacelle, etc. peuvent être conçus dans l'environnement Simulink, et simulées en faisant usage des équations non linéaires du mouvement de la turbine éolienne disponibles dans FAST.

Le bloc « éolien », comme indiqué dans la figure 2.52, contient la S-Function avec les équations FAST. Il contient également des blocs qui intègrent le degré de liberté pour obtenir des vitesses d'accélération et des déplacements. Ainsi, les équations du mouvement sont formulées dans le FAST S-Function, mais résolues en utilisant l'un des solveurs Simulink. [Belt et al-2008], [Jonk et al-2005]

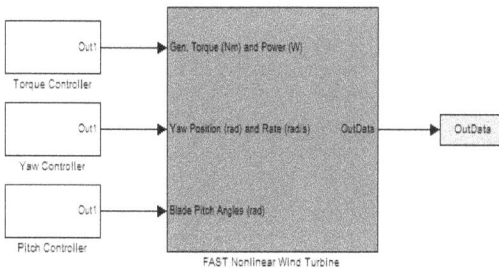

Figure 2. 52: Modèle de l'éolienne sous FAST

La figure suivante montre le détail du modèle de l'éolienne sous FAST.

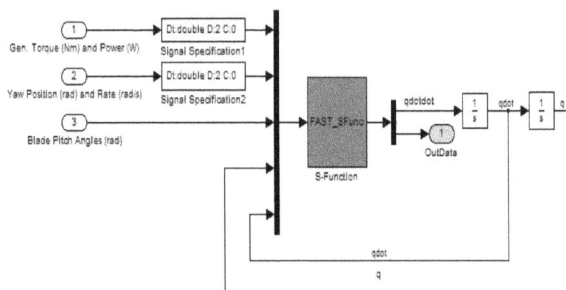

Figure 2.53: Détail du bloc FAST Nonlinear Turbine

On a utilisé le modèle statique pour un premier dimensionnement en puissance de l'éolienne. Ensuite, nous nous sommes appuyés sur les équations décrites dans SimPowerSystem et FAST, pour établir le modèle dynamique avec la Représentation Energétique Macroscopique (REM).

2.3.3 Batteries d'accumulateurs

Elles constituent l'élément de stockage de l'énergie le plus répandu dans les installations électriques des sites isolés. C'est un ensemble d'accumulateurs électrochimiques reliés entre eux de façon à créer un générateur de courant continu, de capacité et de tension désirées. Une cellule de batterie est composée de trois éléments essentiels (voir figure 2.54):

- une électrode positive (cathode)
- une électrode négative (anode)
- de l'électrolyte

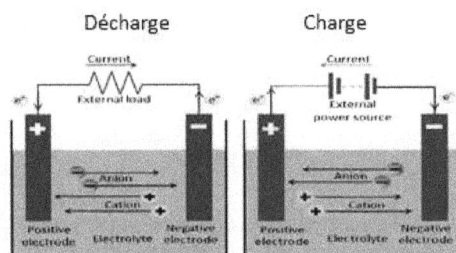

Figure 2.54: Décharge et charge d'une batterie d'accumulateurs [Li et al-2011]

102

On utilise principalement 3 types de batteries dans les installations solaires, en fonction des besoins, de la spécificité du local qui va contenir les batteries, de la température de la pièce de stockage et des besoins précis en énergie :
- la batterie au plomb ouverte.
- la batterie AGM (Absorbed Glass Mat)
- la batterie Gel [HAZE-2013] [Vict-2013]

Cependant, il existe d'autres types de batteries, tels que les batteries Nickel Cadmium (N_i-C_d), Nickel Hydrure Métallique (N_i-MH), Lithium Ion etc.

Il existe plusieurs formes d'électrolyte, qui peut être :
- liquide (eau + acide),
- semi liquide via une feuille de fibre imbibée d'eau et d'acide,
- sous forme de gel.

Le tableau 2.7 suivant fait la synthèse de ces technologies.

Tableau 2.7: Synthèse des technologies des batteries

Technologie	Durée de vie	Entretien	Rapport Qualité/Prix	Applications
Batterie à plomb ouvert	++	++	+++	PV et éolienne, installations sédentaires (habitations, cabane…)
Batterie AGM	++	+++	+	PV et éolienne, installations mobiles, pompage…
Batterie GEL	+++	+++	-	Toutes utilisations

+++ : Très bon, ++ : Bon, - : Mauvais

L'analyse de ce tableau nous permet de dire que la technologie au plomb convient le mieux à notre application, parce que présentant le meilleur rapport qualité/prix avec une durée de vie acceptable. Elle nécessite cependant un bon entretien pour assurer la durée de vie annoncée par le constructeur, qui est de 5 ans. La technologie GEL présente une très bonne qualité. Elle ne demande aucun entretien, avec une polyvalence dans ses applications. Elle peut constituer un bon choix, mais son prix élevé en limite l'usage. Les batteries AGM, quant à elles, sont très robustes, sans entretien. Elles sont moyennement accessibles en termes de prix.

Il faut aussi noter que leur impact sur l'environnement en raison de leur composition chimique doit être intégré à la réflexion sur leur cycle de vie.

2.3.3.1   Modèles électriques

2.3.3.1.1 Modèle électrique simplifié

Le modèle le plus simple (celui de Thévenin) est constitué d'une source de tension ou f.é.m. E_0 en série, avec une résistance R_b (voir figure 2.55) [Dürr et al-2006].

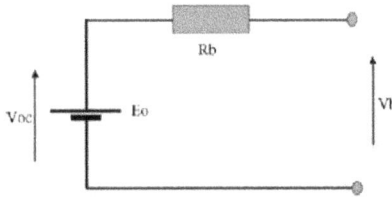

Figure 2.55: Modèle électrique de la batterie

Pour un courant débité I_{bat}, la tension aux bornes de la batterie V_{bat} est déduite de la loi des mailles. Ce modèle convient pour des cas simples, mais ne prend pas en charge certains phénomènes, tels que l'état de charge (SoC : State of Charge) et la concentration d'électrolyte.

2.3.3.1.2 Modèle électrique amélioré

Afin de prendre en compte l'état de charge de la batterie, on fait varier la résistance R_b en fonction de cet état de charge. Le modèle est identique à celui de la figure 2.55.

Dans ce modèle, R_b est donnée par l'équation:

$$R_b = \frac{R_0}{S^k} \text{ avec : } S = 1 - \frac{A.h}{C_{10}} \tag{II.24}$$

Dans ces formules :

- C_{10} : capacité à la température de référence (A.h)
- A : courant de décharge (A)

- h : temps de décharge (h)
- R_0 : résistance batterie chargée (Ω)
- S : facteur d'état de charge (0 : batterie déchargée, 1 : batterie chargée)
- k : facteur prenant en compte la capacité de la batterie en fonction de l'état de charge

2.3.3.1.3 Modèle de Thévenin

Dans ce modèle de la figure 2.56, le nombre de dipôles RC parallèles peut être 1, 2 ou 3. R représente la résistance interne de la batterie.

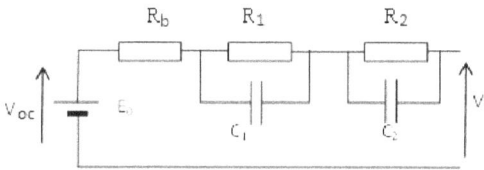

Figure 2.56 : Modèle de Thévenin de la batterie

La tension de la batterie V_b est d'expression :

$$V_b = V_{oc} - i * Z_{eq} + \Delta E(T°) \quad \text{[Erdi et al-2009]} \tag{II.25}$$

Avec :

- V_{oc} : tension à vide de la batterie (V)
- i : courant débité par la batterie (A)
- Z_{eq} : impédance équivalente interne de la batterie (Ω)
- $\Delta E(T°)$: correction de la tension en fonction de la température (V)

La tension V_{oc} dépend, elle, de l'état de charge de la batterie, et a pour expression :

$$V_{oc}(SoC) = -1,031. \exp(-35.SoC) + 3,685 + 0,2156.SoC - 0,1178.SoC^2 + 0,321.SoC^3 \tag{II.26}$$

Avec : $SoC(t) = SoC_{int} - \int_0^t \frac{i}{C_n}.dt \tag{II.27}$

- SoC (t): état de charge à l'instant considéré
- SoC_{int} : état de charge initial
- C_n : capacité nominale à la température ambiante

Les résistances R_b, R_1 et R_2 et les capacités C_1 et C_2 sont calculées à partir de l'état de charge de la batterie. On a alors [Erdi et al-2009]:

$$R_b(SoC) = 0,1562.\exp(-24,37.SoC) + 0,07446 \tag{II.28}$$

$$R_1(SoC) = 0,3208.\exp(-29,14.SoC) + 0,04669 \tag{II.29}$$

$$C_1(SoC) = 752,9.\exp(-13,51.SoC) + 703,36 \tag{II.30}$$

$$R_2(SoC) = 6,603.\exp(-155,2.SoC) + 0,04984 \tag{II.31}$$

$$C_2(SoC) = -6056.\exp(-27,12.SoC) + 4475 \tag{II.32}$$

2.3.3.1.4 Modèle électrique non linéaire

Un autre modèle développé par l'école de Technologie Supérieure de l'Université du Québec, Montréal, est présenté dans la figure 2.57.

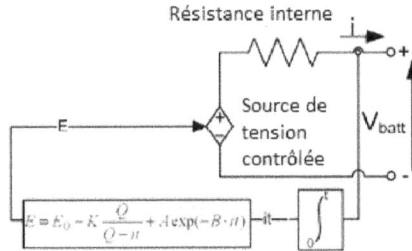

Figure 2.57: Modèle non linéaire de la batterie

Les paramètres du modèle peuvent être extraits à partir des courbes de décharge fournies par le constructeur [Trem et al-2007].

Dans ce modèle, la source de tension contrôlée est décrite par l'équation :

$$E = E_0 - K\frac{Q}{Q - \int idt}.i + A.exp(-B\int idt) \tag{II.33}$$

$$V_{batt} = E - R.i = E_0 - K\frac{Q}{Q - \int idt} + A.exp(-B\int idt) - Ri \tag{II.34}$$

Avec:

- E = tension à vide de la batterie (V)
- E_0 = tension constante de la batterie (V)
- K = résistance de polarisation de la batterie (Ω)
- Q = capacité maximale de la batterie (Ah)
- $\int idt$ = charge réelle de la batterie (Ah)

- A = zone d'amplitude exponentielle (V)
- B = inverse zone exponentielle constante(Ah^{-1})
- V_{batt} = tension batterie (V)
- R = résistance interne de la batterie (Ω)
- i = courant de la batterie (A)

La figure 2.58 ci-dessous donne l'évolution de la tension en fonction du temps.

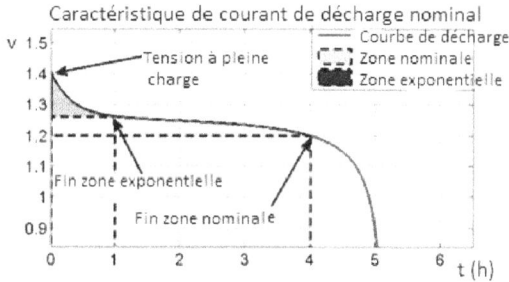

Figure 2.58: Courbe de décharge typique d'une batterie NiMH [Trem et al-2007]

Les tensions de charge et de décharge sont données par les expressions [Li et al-2011]:

$$V_{dech} = E_0 - K_{dr}\frac{Q}{Q-it}i^* - R_d i_0 - K_{dv}\frac{Q}{Q-it}it + Exp(t) \qquad (II.35)$$

$$V_{ch} = E_0 - K_{cr}\frac{Q}{it+\lambda Q}i^* - R_{ch}i_0 - K_{cv}\frac{Q}{Q-it}it + Exp(t) \qquad (II.36)$$

Dans ces expressions :

- K_{dr} : résistance de polarisation (Ω)
- K_{cr} : coefficient de surtension de polarisation (V / Ah)
- λ: coefficient rendant compte de l'évolution de la résistance de polarisation au cours de la charge de la batterie
- i^* : courant de la batterie filtré
- R_d : résistance interne de la batterie pendant la décharge
- R_{ch} : résistance interne de la batterie pendant la charge
- Exp (t) : est une tension dynamique exponentielle de polarisation qui modélise le phénomène hystérésis entre la décharge et la charge

NB : pour les batteries au plomb Exp (t) est déterminée par l'équation [Li et al-2011]:

$$Exp(t) = Bi(Exp(t) + Au(t))$$ (II.37)

Avec u (t) = 0 pour la décharge et u (t) = 1 pour la charge.

Les équations II.23 et II.24 peuvent s'écrire en utilisant le SoC, ce qui donnerait :

$$V_{dech} = E_0 - K_{dr}\frac{1}{SOC}i^* - Ri_0 - K_{dv}(\frac{1}{SOC} - 1) + Exp(t)$$ (II.38)

2.3.3.2. Modèle sous Matlab Simulink

On considère le sous-système composé de la batterie et de son système de recharge. Le modèle est constitué (voir figure 2.59) du bloc batterie alimenté par une source de courant contrôlée (IChaCon). La sortie « m » de la batterie (courant batterie, tension batterie) permet, avec le bloc fonction, de générer la tension à la sortie de la batterie (V = E – r.I). Les blocs gains « Nbats » et « Nbatp » expriment les nombres de batteries respectivement en série et en parallèle. On a intégré aussi des limiteurs de tension et de courant dans le modèle pour éviter les « dérives » en courant ou en tension. Le produit du courant par la tension donne la puissance produite par la batterie.

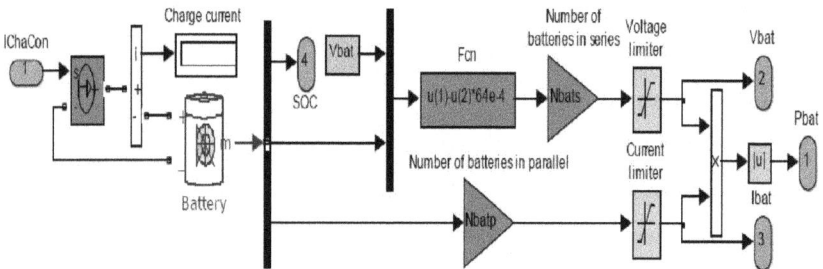

Figure 2.59: Modèle de la batterie d'accumulateurs avec le SoC sous Matlab/Simulink

Une autre modélisation à partir des équations de charge et de décharge est illustrée par la figure 2.60.

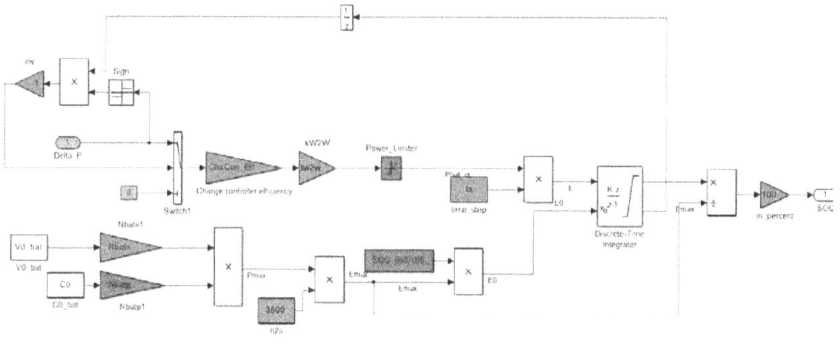

Figure 2.60: Modèle de la batterie basé sur les équations de charge et de décharge

Elle permet d'exprimer le niveau de charge (SoC : State of Charge) et la puissance délivrée par la batterie. Il est difficile d'avoir un modèle qui prenne en compte tous les phénomènes physico-chimiques dans la batterie, ou alors ce serait avec un niveau de complexité qui le rendrait peu utilisable aussi bien pour le dimensionnement que le contrôle.

Ainsi, pour les besoins de notre dimensionnement, et de la commande de notre micro-réseau, nous avons utilisé le modèle de la figure 2.60.

2.3.4. Onduleur

C'est un convertisseur DC/AC permettant de transformer la tension continue en tension alternative, pour alimenter l'essentiel des récepteurs. Dans les micro-réseaux, il sert d'interface entre le bus continu et les récepteurs fonctionnant avec du courant alternatif.

2.3.4.1. Modèle mathématique

Comme indiqué précédemment, l'onduleur est un dispositif d'électronique de puissance qui transforme la tension du bus continu en tension alternative. Les onduleurs utilisés dans les installations photovoltaïques sont généralement constitués de deux parties : une première constituée d'un hacheur survolteur, et une deuxième partie qui est un convertisseur continu-alternatif, à découpage.

La puissance alternative délivrée par l'onduleur est égale à la puissance reçue côté continu, déduction faite des pertes durant la commutation.

109

D'où l'expression suivante :

$$\eta = \frac{P_{AC}}{P_{DC}} = \frac{P_{CC}-pertes}{P_{CC}}$$ (II.39)

- P_{AC} : Puissance alternative
- P_{DC} : Puissance continue
- η: rendement

Une autre fonction mathématique permet de définir le rendement avec des paramètres à déterminer [Demo-2010]:

$$\eta\left(P_{DC,pu}\right) = A + B.P_{DC,pu} + \frac{C}{P_{DC,pu}}$$ (II.40)

La figure 2.61 représente les courbes de rendement de différents onduleurs utilisés dans les installations d'énergies renouvelables.

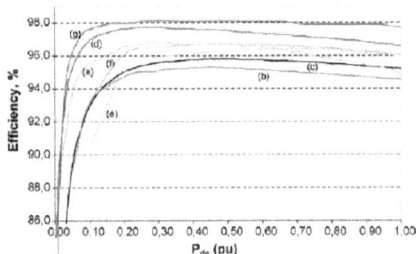

Figure 2.61: Courbes de rendement de différents onduleurs solaires en fonction de PDC en pu (a) Solar Konzept 2kW, (b) Sunways, 3.6kW, (c) SMA 5 kW, (d) SMA 11kW, (e) Satcon 50kW, (f) Satcon 100kW, (g) Siemens, 1000 kVA [Demo-2010]

Les paramètres A, B et C sont déterminés à partir des courbes de rendement des onduleurs établies par les fabricants selon le tableau 2.8 suivant.

Tableau 2.8: Tableau comparatif des paramètres estimés A, B et C par un système d'équations linéaires et par la méthode des moindres carrés (cases grisées) [Demo-2010]

	A	B	C	R^2	RMSE	k	σ_A	σ_B	σ_C
Solar Konzept, 2 kW	98.592	-3.420	-0.277	0.914	0.47	47			
	97.33	-1.801	-0.141	0.915	0.44	47	0.185	0.060	0.007
Sunways, 3 kW	96.827	-1.953	-0.347	0.997	0.18	52			
	97.157	-2.272	-0.398	0.997	0.07	52	0.037	0.050	0.003
SMA, 5 kW	97.644	-1.995	-0.445	0.993	0.29	42			
	97.004	-1.580	-0.362	0.994	0.19	42	0.098	0.077	0.006
SMA, 11 kW	99.000	-2.225	-0.184	0.991	0.26	67			
	98.641	-1.782	-0.153	0.991	0.12	67	0.056	0.085	0.002
Satcon, 50 kW	100.583	-3.611	-0.972	0.993	0.27	6			
	99.799	-2.977	-0.892	0.995	0.15	6	0.389	0.077	0.047
Satcon, 100 kW	99.967	-3.222	-0.644	0.989	0.22	6			
	99.316	-2.697	-0.578	0.992	0.11	6	0.292	0.087	0.035
Siemens, 1000 kVA	98.570	-0.761	-0.088	0.979	0.32	34			
	98.778	-0.873	-0.105	0.980	0.11	34	0.118	0.054	0.004

NB : Le coefficient de corrélation (R^2), l'erreur quadratique moyenne (RMSE), le nombre k de points de données et les écarts-types σ, sont également indiqués.

2.3.4.2. Modèle sous Matlab/Simulink

Le modèle réalisé sous Matlab/Simulink est élaboré à partir de la formule de rendement (équation II. 28). Ce rendement déterminé à partir des paramètres A, B et C suivant le nombre d'onduleurs, est multiplié par la puissance continue générée par les panneaux PV pour obtenir la puissance AC à la sortie de l'onduleur. La figure 2.62 représente ce modèle.

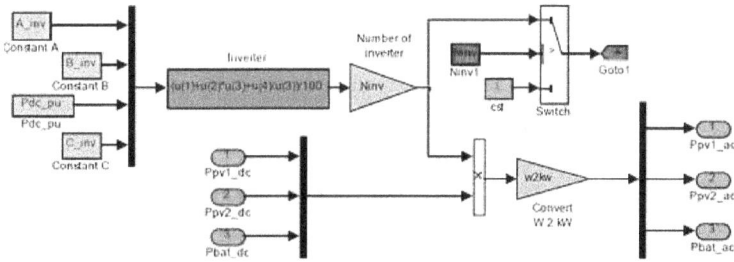

Figure 2.62: Modèle de l'onduleur sous Matlab/Simulink

2.3.5. Contrôleur de charge

Autrement appelé régulateur, sa fonction principale est de réguler la charge et la décharge des batteries. Cela consiste à limiter les courants de charge et de décharge de la batterie, mais aussi les niveaux de charge et de décharge selon les prescriptions du constructeur. Son principe de fonctionnement est illustré sur la figure 2.63 ci-dessous.

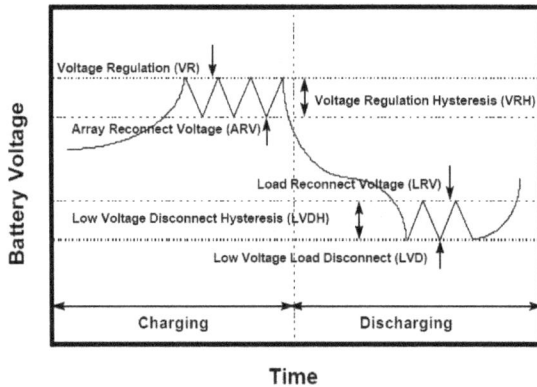

Figure 2.63: Principe de fonctionnement d'un contrôleur de charge (régulateur) [Dunl– 1997]

On distingue deux zones limites de fonctionnement pour la phase de charge et la phase de décharge. Ainsi, la tension de la batterie pendant la charge est maintenue dans une « bande » appelée « Voltage Regulation Hysteresis », tandis qu'en phase de décharge, elle est contenue dans un intervalle appelé « Low Voltage Disconnect Hysteresis ».

On distingue principalement deux types de régulateurs : les régulateurs shunt et les régulateurs série [Dunl-1997].

La figure 2.64 représente un régulateur shunt.

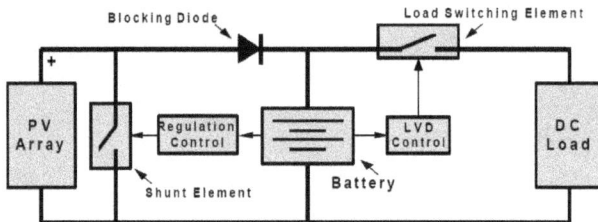

Figure 2. 64: Schéma de principe d'un régulateur shunt [Dunl – 1997]

Le dispositif de commande de dérivation régule la charge d'une batterie de générateur photovoltaïque, en court-circuitant le réseau interne du contrôleur. Il est muni d'une diode de blocage en série entre la batterie, qui empêche de court-circuiter la batterie lorsque le panneau est en régulation. Parce qu'il y a une chute de tension entre le réseau et le régulateur, due au câblage et à la résistance de l'élément de shunt, le système n'est jamais entièrement en court-circuit. Cela entraîne une dissipation de puissance dans le régulateur. Pour cette raison, la plupart des régulateurs shunts nécessitent un dissipateur thermique, et sont généralement limités à une utilisation dans les systèmes PV avec des courants de moins de 20A.

Il y a deux types de fonctionnement des régulateurs shunts. Le premier est un fonctionnement en « tout ou rien ». Le second consiste à limiter le courant de charge d'une manière progressive, en augmentant la résistance de l'élément shunt lorsque la batterie est chargée.

Le régulateur série, comme son nom l'indique, fonctionne en série entre le réseau et la batterie. Il en existe plusieurs variantes. Bien que ce type de contrôleur soit couramment utilisé dans de petits systèmes PV, il est destiné aux grands systèmes en raison des limites actuelles des régulateurs shunts (voir figure 2.65).

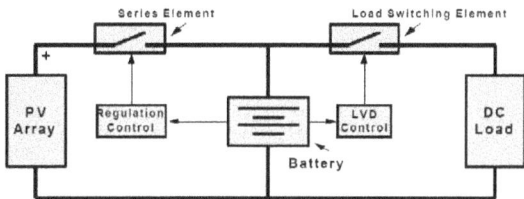

Figure 2.65: Schéma de principe d'un régulateur série [Dunl – 1997]

Dans une conception du régulateur série, un commutateur à relais ou semi-conducteur s'ouvre et isole la tension entre le réseau et la batterie à la fin de la charge, ou limite le courant d'une manière linéaire pour maintenir la tension de la batterie à une valeur élevée. Une fois que la tension de la batterie chute, le régulateur la reconnecte à la source. Du fait qu'avec ce cycle les circuits sont plutôt ouverts que court-circuités, aucune diode de blocage n'est nécessaire.

2.3.5.1. Modèle mathématique

Le modèle mathématique du régulateur est défini par la relation avec les puissances à l'entrée et à la sortie. En effet, la relation entre la puissance de sortie et la puissance à l'entrée est exprimée par le rendement. On a alors :

$$P_s = P_e . \eta \qquad \text{(II.41)}$$

Avec :

- P_s : Puissance à la sortie du régulateur
- P_e : Puissance à l'entrée du régulateur
- η : rendement du régulateur

2.3.5.2. Modèle sous Matlab/Simulink

Le modèle que nous avons utilisé sous Matlab/Simulink est basé sur le principe que la batterie est chargée à partir du bus alternatif. Une conversion AC-DC est alors nécessaire (PCac2dc_Eff). La puissance déduite est alors divisée par la tension Vchacon. On obtient le courant IChacon_dc (voir figure 2.66).

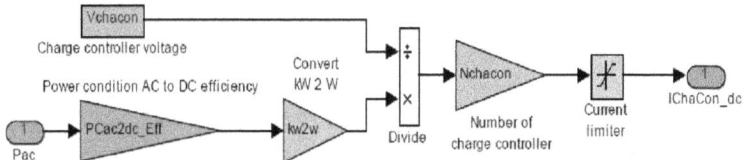

Figure 2.66: Modèle du contrôleur de charge sous Matlab/Simulink

2.3.6. Le convertisseur continu-continu (hacheur)

Il permet d'élever la tension de la source de production d'énergie continue (PV, batterie), qui est en général de 12 ou 48V, à un niveau de tension du bus continu qui est de 300V par exemple. Il s'agit alors de hacheurs survolteurs (Boost). Cependant, d'autres types de convertisseurs continu-continu existent. Il s'agit des hacheurs dévolteurs (Buck) et des hacheurs survolteurs - dévolteurs (Buck-Boost).

La figure 2.67 suivante montre un hacheur survolteur relié à une source photovoltaïque qui alimente une charge R.

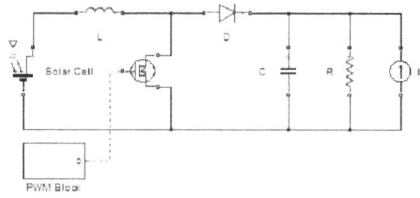

On détermine le modèle du hacheur en analysant les phases de fonctionnement, à savoir : interrupteur fermé et interrupteur ouvert [Husn et al-2012].

- Pendant la phase « interrupteur fermé », en appliquant la loi des tensions de Kirchhoff au circuit de l'inductance, on a :

$$\frac{di_L}{dt} = \frac{1}{L}(V_s) \tag{II.42}$$

La loi des courants, appliquée quant à elle au circuit contenant la capacité, nous donne :

$$\frac{dv}{dt} = \frac{1}{c}\left(i_z - \frac{V_s}{R}\right) \tag{II.43}$$

- Pendant la phase « interrupteur ouvert », en appliquant la même procédure, on a :

$$\frac{di_L}{dt} = \frac{1}{L}(V_s - V_z) \tag{II.44}$$

$$\frac{dv}{dt} = \frac{1}{c}\left(i_L - i_z - \frac{V_z}{R}\right) \tag{II.45}$$

La puissance de sortie est égale à la puissance à l'entrée, aux pertes près. On définit alors le rendement par la relation :

$$\eta = \frac{P_e - pertes}{P_s} \tag{II.46}$$

2.3.6.1.   Modèle dynamique sous Matlab/Simulink

La valeur moyenne de convertisseur DC/DC utilise un régulateur de tension basé sur un correcteur proportionnel-intégral (PI), afin de maintenir la tension du bus continu égale à la tension de référence. La simulation permet le choix de l'inductance et des condensateurs, et le réglage des paramètres du correcteur PI afin d'obtenir des résultats similaires au modèle simplifié. La figure 2.68 représente le modèle du hacheur survolteur sous SimPowerSystem.

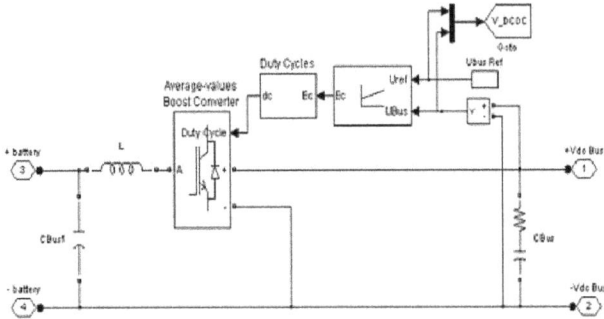

Figure 2.68: Modèle d'un hacheur survolteur sous Matlab/Simulink

2.3.6.2. Modèle statique sous Matlab/Simulink

Pour la commande de notre système, nous nous sommes basés sur la relation entre les tensions à l'entrée et à la sortie, d'une part, et entre les courants à l'entrée et à la sortie, d'autre part. Nous avons établi le modèle de la figure 2.69 suivante.

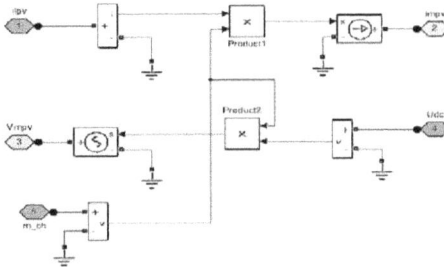

Figure 2.69: Modèle d'un hacheur pour un générateur PV

Dans ce modèle, « i_{lpv} » et « V_{mpv} » constituent les grandeurs d'entrée, tandis que « i_{mpv} » et « U_{dc} » sont les grandeurs de sortie. Elles sont liées respectivement par le rapport « m_ch » et son inverse. Soit :

$$- \quad i_{mpv} = i_{lpv} * m\_ch \qquad (II.47)$$

$$- \quad V_{mpv} = \frac{1}{m\_ch} * U_{dc} \qquad (II.48)$$

2.3.7. La charge

116

Elle représente la demande en énergie des populations. Pour déterminer les besoins des populations, nous avons procédé à des enquêtes sur le terrain auprès des ménages (51 au total) de MBoro / mer. Un questionnaire (voir annexe) leur a été soumis. Au terme de nos investigations, nous avons pu établir une courbe de charge, eu égard aux puissances mises en jeu pendant une journée de fonctionnement. Cette puissance varie en fonction des saisons et du moment de la journée. La demande est constituée pour l'essentiel de l'éclairage, et du petit matériel électroménager (radios, lecteurs DVD et VCD et téléviseurs etc.). Les résultats de l'enquête sont synthétisés dans le tableau 2.9 suivant.

Tableau 2.9: Synthèse des appareils électriques des ménages

Type d'appareil	Puissance	Nombre	Puissance totale
Téléviseur	60	44	2640
Radio	5	45	225
Lecteur DVD ou VCD	25	20	500
Lampe	15	257	3855

On note aussi l'existence de structures à caractère communautaire. Le tableau 2.10 suivant en donne la synthèse.

Tableau 2.10: tableau des données bâtiments communautaires

Structures	Nombre	Caractéristiques		
Ecole élémentaire	1	4 salles de classe		
Case de santé	1	6 pièces	1 toilette	1 véranda
Ecole maternelle	1	4 salles de classe	1 toilette	1 cuisine
Commerces	15			
Lieux de culte	3			

2.3.7.1. Estimation de la demande

Tenant compte des habitudes et du rythme de vie des populations rurales, on peut établir les hypothèses suivantes :

- de 23h à 6h : pas d'activités professionnelles, seul l'éclairage des rues fonctionne, pour une puissance P = 765W

- de 6h à 14h : activités économiques et scolaires, seules les radios fonctionnent dans les maisons, pour une puissance P = 225W
- de 14h à 20h : fin des activités scolaires et pause déjeuner pour les travailleurs, les téléviseurs sont allumés, la puissance P = 2640W
- de 20h à 23h : tombée de la nuit et aucune activité professionnelle ne se déroule, téléviseurs et lampes fonctionnent, la puissance consommée est à son maximum et vaut environ P = 7220W

On en déduit une courbe de charge ou de puissance (voir figure 2.70).

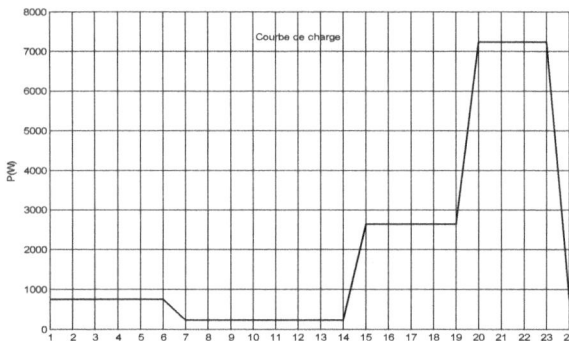

Figure 2.70: Courbe de charge pour un village du Sénégal (MBoro/Mer)

NB : Cependant, l'avènement d'un micro-réseau peut provoquer chez les populations un changement de mode de vie et un accroissement de leurs équipements électroménagers. Ainsi, on peut considérer que tous les ménages pourraient s'équiper de téléviseurs et de lecteurs DVD ou VCD, et que les activités de loisirs nocturnes pourraient se prolonger jusqu'à minuit, voire au-delà. Cela augmenterait les besoins en électricité et ferait évoluer la courbe de charge conséquemment. On aurait alors :

- de 0h à 6h : P = 765W
- de 6h à 14h : P = 225W
- de 14h à 20h : P = 3060W
- de 20h à 24h : P = 8190W

La courbe de charge projetée deviendrait alors (voir figure 2.71)

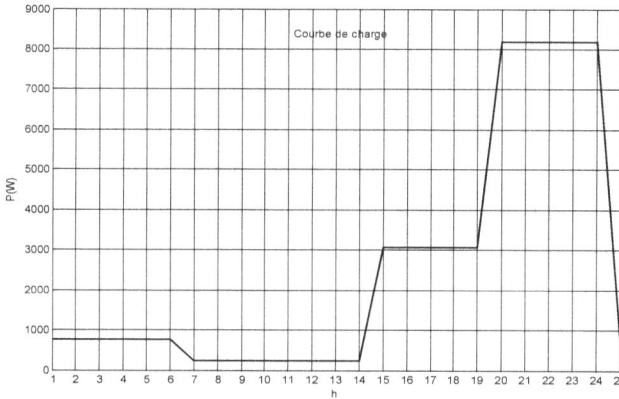

Elle est déterminée point par point à partir des données d'enquête sur la consommation et des caractéristiques électriques des appareils à alimenter.

2.3.7.2. Modèle numérique

Dans Matlab Simulink, on considère que la courbe de charge se répète tous les jours. En effet, le mode de vie des populations permet de poser cette hypothèse. Elle représente alors une journée typique de consommation pour le village. On utilise le bloc « Look up table » pour la saisie des données de la charge. La figure 2.72 montre une capture d'écran de la saisie de la charge.

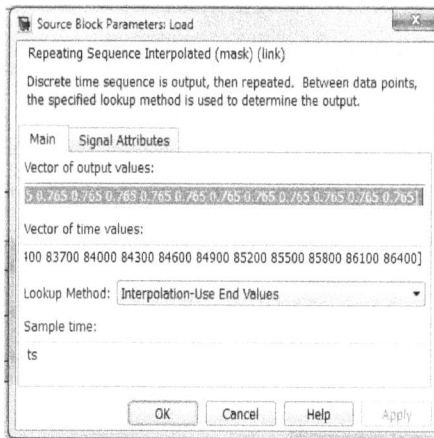

Figure 2.72: Charge représentée avec un pas de 300 secondes dans un block parameters

2.3.8. Représentation du micro-réseau

Le micro-réseau est une centrale multi sources (PV, Eolienne, Batterie d'accumulateurs). Le choix de cette architecture est motivé par des contraintes liées au potentiel énergétique du site. En effet, des études faites dans cette zone confirment l'existence de ces deux ressources renouvelables, en quantité et en qualité exploitables.

L'architecture retenue est du type DC. Des hacheurs sont utilisés pour élever la tension du bus DC à 300V environ. La charge de la batterie s'effectue via un contrôleur de charge connecté sur le bus continu. Un convertisseur DC/AC (onduleur) permet de générer une tension de 240V, 50Hz alternative qui sera distribuée. La figure 2.73 ci-dessous montre le schéma de principe du micro-réseau.

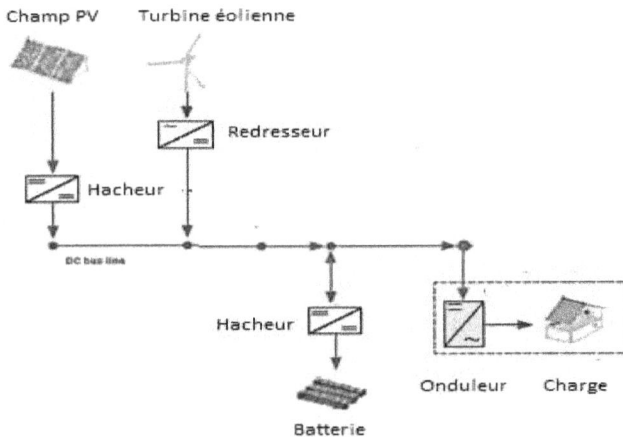

Figure 2.73: Schéma synoptique du micro-réseau

2.4. Optimisation

2.4.1 Introduction

Les sites isolés sont généralement des zones d'accès difficile et dont les populations contribuent faiblement à l'activité économique du pays. La fourniture d'énergie électrique participe donc à la politique de développement. La mise en œuvre de micro-réseaux doit obéir à deux objectifs essentiels ;

rendre disponible l'énergie, et à un coût acceptable au regard des revenus des populations. Ces deux objectifs ne sont pas nécessairement compatibles, et un compromis doit être obtenu.

Nous avons vu dans le paragraphe précédent que le micro-réseau est une structure complexe, de par son architecture, les modèles des composants et le contrôle du flux d'énergie. Le compromis ne peut se faire manuellement et conduit à formuler un problème d'optimisation, aussi bien pour le dimensionnement que pour le contrôle. La formulation du problème d'optimisation devra définir :

- Le ou les objectifs (minimisation du coût de l'installation, minimisation du taux de CO_2, etc.)
- Les contraintes (garantir une disponibilité maximale, respecter les conditions de fonctionnement des composants, etc.)

La taille du problème peut être très importante au regard du nombre de variables, et donc l'optimisation peut être longue et nécessiter de puissants moyens de calcul.

Nous allons donc nous intéresser aux voies et moyens de réduire le temps de calcul, afin de rendre cette approche attractive et utile pour la conception (dimensionnement) et le contrôle des micro-réseaux.

2.4.2 Les méthodes d'optimisation

La simulation et l'optimisation constituent des outils d'aide à la décision. Il s'agit, pour un système réel donné, de construire un modèle afin de comprendre son comportement, dans le but de l'améliorer. Pour un système aussi complexe que le micro-réseau, il y a lieu de procéder à une démarche conduisant au meilleur choix. L'optimisation pour un système en général, ou pour un problème posé consiste à trouver l'optimum, la meilleure combinaison, la meilleure solution. Dans le domaine de la conception, l'optimisation est le fait d'optimiser une fonction qui peut être déclinée ainsi :

- formulation générale : $f: R^n \to R: x \to f(x)$

avec $\begin{cases} x \in R^n \\ possibilité\ de\ contraintes\ \begin{cases} g(x) \leq 0 \\ h(x) = 0 \end{cases} \end{cases}$

- formulation mathématique : $f(x)$ tel que $x \in C$ avec C, l'ensemble des paramètres respectant les contraintes

Il existe plusieurs méthodes d'optimisation, qu'on peut classer ainsi :
- les méthodes analytiques (ou calculatoires),
- les méthodes énumératives (pour les problèmes combinatoires ou «discrétisés»),
- les méthodes stochastiques ou aléatoires.

Ces trois méthodes peuvent être réparties en deux classes :
- les algorithmes déterministes ou exactes (méthodes calculatoires et méthodes énumératives),
- les algorithmes stochastiques.

Les problèmes d'optimisation sont définis selon plusieurs caractéristiques :
- mono-objectif ou multi-objectif
- linéaire ou non-linéaire
- contraint ou non-contraint
- etc.

Nous allons, dans cette partie, faire une présentation de toutes ces méthodes. Néanmoins, tenant compte de la nature de notre problème (aléatoire et non continu), nous mettrons un accent particulier sur les méthodes stochastiques, notamment l'algorithme génétique que nous allons utiliser dans le processus de dimensionnement de notre système.

2.4.2.1 Les méthodes déterministes ou exactes

Elles sont basées sur une exploration déterministe de l'espace de recherche. Elles offrent, par principe, la certitude d'obtenir un optimum local ou global. Elles requièrent que la fonction objectif soit strictement convexe, continue et dérivable. Autrement, ou lorsque le nombre de variables et/ou de contraintes devient important, elles sont inadaptées. Ces méthodes sont classées en deux grandes catégories, selon le type d'information que l'utilisateur doit fournir sur la fonction objectif et les contraintes: les méthodes du gradient et les méthodes directes.

2.4.2.1.1 Méthode du gradient

C'est une méthode d'optimisation qui utilise un algorithme différentiable. Cela consiste à minimiser une fonction réelle différentiable, définie sur un espace euclidien. Il est itératif et procède par améliorations successives. A partir d'un point (point courant), on effectue un déplacement (recherche linéaire) dans une direction opposée au gradient, dans le but de faire décroitre la fonction. C'est la raison pour laquelle cet algorithme est appelé algorithme de la plus forte pente, ou de la plus profonde descente («steepest descent » en anglais) [Avri-2003] [Bert-1995].

Cet algorithme peut atteindre l'optimum global, si et seulement si le point de départ est bien choisi. En effet, il est fréquent que l'algorithme converge vers un optimum local, du fait d'un point de départ choisi de façon mal adaptée. Pour éviter ce problème, l'algorithme peut être rejoué de nombreuses fois, en changeant le point de départ de façon à s'assurer de l'optimalité de la solution.

D'autre part, cette méthode peut être utilisée après un tirage de « Monte-Carlo » qui permet de déterminer le point de départ.

Le processus itératif est le suivant :

1. on pose un point de départ x_0

2. on gère les éléments de sorte à converger vers le minimum de la fonction : $f(x_{k+1}) < f(x_k)$

3. on s'arrête quand la distance entre deux éléments successifs est inférieure
    à un seuil fixé d'avance : $d(f(x_{k+1}), f(x_k)) < \epsilon$,

Soient f une fonction dérivable de R^n dans R et x_0 et un élément de R^n.
L'élément x_k est défini par le minimum de f le long de la droite passant par x_{k-1} de direction $\nabla f(x_k)$, le gradient de f au point x_k (Figure 2.74).

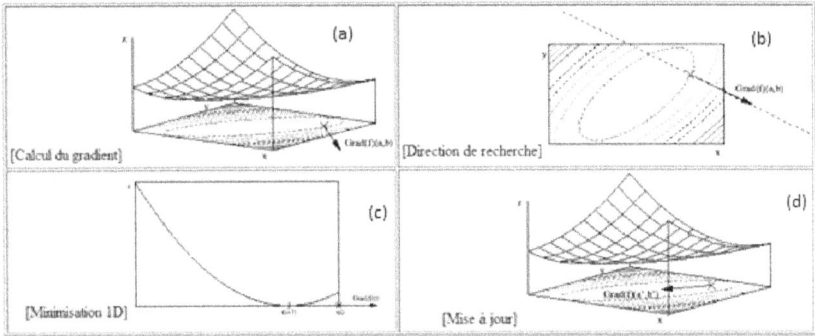

Figure 2.74: Descente du gradient : (a) calcul du gradient au point courant (a,b) = (xi,yi), (b) représentation des lignes de niveaux sur le plan (x,y), (c) direction de recherche de (xi+1,yi+1) . Cette recherche revient à minimiser une fonction de Rn. On trouve ainsi (a',b'), (d) recommencement du processus (source: wikipédia).

2.4.2.1.2 Méthodes directes

Les méthodes directes ne nécessitent pas la connaissance de la dérivée de la fonction objectif. En offrant la possibilité de se passer du calcul des gradients, ces méthodes ont une grande importance lorsque la fonction objectif n'est pas différentiable, ou lorsque le calcul des gradients nécessite un coût important. Elles sont basées sur son évaluation directe.

Elles sont classées:

- en techniques à base théorique (méthode des directions conjuguées de Powell),
- en méthodes énumératives telles que l'algorithme DIRECT (*DIvinding RECTangles*),
- et en techniques heuristiques (algorithmes de Hooke et Jeeves et de Rosenbrock...).

a-Méthodes des directions conjuguées de Powell

L'algorithme de Powell, mis au point par M. J. D. Powell en 1964, consiste à réaliser des minimisations unidimensionnelles suivant des directions conjuguées. Il est basé sur la propriété selon laquelle le minimum d'une fonction quadratique f à n variables est trouvé en n minimisations unidimensionnelles successives, suivant n directions conjuguées. D'où le théorème suivant [Luer-2004] :

Théorème : *Soit f une fonction quadratique, $s_1, \ldots, s_p$, p directions conjuguées, x^p et y^p, le*

résultat de p minimisations unidimensionnelles suivant les directions si en partant de x_0 et y_0, respectivement. Alors la direction $s_{p+1} = y^p - x^p$ est conjuguée par rapport aux autres directions s_i, i = 1, p.

Ainsi, l'algorithme peut se résumer comme suit :

1. Choisir le point de départ x_0, les *n* directions $d_1,.., d_n$,
2. pour i =1, …,n; calculer λ_i tel que la quantité $\{f(x_{j-1}+ \lambda_j d_j)\}$ soit minimale et poser : $\qquad X_j = X_{j-1} + \lambda_j d_j,$
3. pour j = 1,…, n-1; remplacer dj par dj+1 et remplacer dn par (xn–x0),
4. choisir λk tel que $f(X_n + \lambda_k . d_n)$ soit minimale et remplacer x0 par [x0 + λk(xn–x0)].
5. Arrêt si convergence, sinon retour en (2).

La figure 2.75 suivante illustre la recherche de l'optimum en utilisant l'algorithme des directions conjuguées de Powell en deux dimensions. Le point x_1 est obtenu en recherchant le minimum sur la direction $\mathbf{e}_1$, et en partant du point de départ x_0. Le point x_2 est obtenu en recherchant le minimum sur la direction $\mathbf{e}_2$, et en partant du point de départ x_1. Le point x_3 est atteint en recherchant le minimum sur la direction (x_3-x_1) en partant de x_2. Si la fonction à minimiser est quadratique (donc non linéaire), le point optimum se trouve alors dans la direction (x_{opt}).

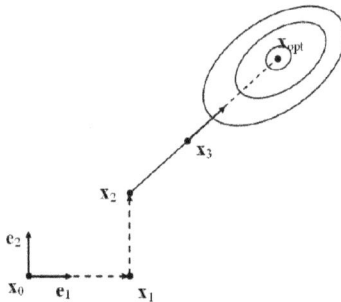

Figure 2. 75: Direction conjuguées de Powell pour deux variables

L'inconvénient majeur ici est que pour 3 directions, il faut faire 3 minimisations supplémentaires, de manière à ce que la 3ème direction soit conjuguée aux deux premières. Donc, la convergence pour une forme générale quadratique en n variables est obtenue seulement après n itérations, impliquant en tout n $(n+1)/2$ minimisations linéaires. Cela nécessite un temps de calcul important, raison pour laquelle nous ces méthodes n'ont pas été retenues pour notre problème.

b- Méthodes énumératives : la méthode DIRECT

Comme annoncé précédemment, elles ne nécessitent aucune connaissance du gradient de la fonction objectif. C'est un algorithme d'échantillonnage. Les échantillons de l'algorithme pointent dans le domaine, et utilisent l'information qu'ils ont obtenue pour décider de la prochaine recherche. Il convient lorsque la fonction objectif est une «boîte noire» de fonctions ou de simulations. Il converge globalement vers la valeur minimale de la fonction objectif. Malheureusement, cette convergence globale peut se faire au détriment d'une recherche large et exhaustive sur le domaine [Fink-2003].

L'algorithme se décline suivant le processus ci-dessous :

1- Transformer le domaine de recherche en un hyper-rectangle unitaire de centre C1

2- Trouver $f(c_1)$, $f_{min} = f(c_1)$, $i = 0$, $m = 1$

3- Evaluer $f(c_1 \pm \delta e_k) / \forall k$ et diviser l'hyper cube

4- Tant que $t \leq ItMax$ et $m \leq EvalMax$ faire :

Identifier l'ensemble S des rectangles potentiellement optimaux

5- Pour tous $j \in S$

Identifier la direction de la plus longue dimension du rectangle j

Evaluer la fonction aux centres des nouveaux rectangles, et diviser le rectangle j

Mise à jour de f_{min} et m

Fin (pour)

6- $T = t + 1$

7- Fin (tant que)

Les deux premières étapes de l'algorithme sont les étapes d'initialisation. La variable *m* est un compteur du nombre d'évaluations de la fonction à minimiser, tandis que *t* est un compteur du nombre d'itérations. DIRECT s'arrête après avoir dépassé le nombre maximum des itérations (*ItMax*) ou un nombre maximum d'évaluations (*EvalMax*) de la fonction objectif.

c- Méthodes de Hooke et Jeeves

A l'instar des autres méthodes appartenant à la famille des méthodes directes, les méthodes de Hooke et Jeeves (1960) ne nécessitent pas le calcul des dérivées de la fonction objectif. Elles s'appliquent à des fonctions définies de R^n dans R. De son point de départ initial, l'algorithme prend une étape dans différents «directions», et procède à un nouveau modèle d'exécution. Si le nouveau score de vraisemblance est meilleur que l'ancien, alors, l'algorithme utilise le nouveau point comme étant la meilleure estimation. S'il est moins bon, l'algorithme conserve l'ancien point. La recherche se poursuit dans la série de ces étapes, chaque étape légèrement plus petite que la précédente. Lorsque l'algorithme trouve un point à partir duquel il ne peut plus améliorer la solution avec un petit pas dans n'importe quelle direction, alors il accepte ce point comme étant la «solution», et s'arrête.

Son algorithme peut être schématisé ainsi :

1. Initialiser $(u)_0$ et se donner $\rho > 0$;

2. Pour chaque composante i, i = 1,…, n, calculer

$$J((u_1)_0,…, (u_i)_0 + \rho, …, (u_n)_0)$$

$$J((u_1)_0,…, (u_i)_0, …, (u_n)_0)$$

$$J((u_1)_0,…, (u_i)_0 - \rho, …, (u_n)_0)$$

et retenir le point $(u)_1$ de R^n pour lequel le critère J a la plus faible valeur ;

3. Recommencer en remplaçant, par exemple, ρ par $\rho/2$;

4. Etc. jusqu'à ce qu'un critère d'arrêt soit satisfait.

Les méthodes de Hooke et Jeeves sont des procédés d'optimisation simples et rapides, mais peu fiables. Elles ne conviennent pas pour notre étude.

2.4.2.2 Les méthodes stochastiques

Les méthodes stochastiques, contrairement aux méthodes déterministes, explorent l'espace des solutions d'une façon probabiliste. Elles ne nécessitent ni continuité, ni différentiabilité. Elles ne nécessitent pas la connaissance du point de départ, sont globales et couvrent tout l'espace de recherche. Elles opèrent sur plusieurs candidats (parallélisme). Elles permettent un bon compromis entre l'exploration et l'exploitation.

Par contre, elles demandent un nombre élevé d'évaluations de la fonction objectif pour atteindre l'optimum global. Aussi demandent-elles une maîtrise du jeu de paramètres qui conditionnent leur convergence.

On distingue principalement parmi ces méthodes : le Recuit Simulé, la Recherche Taboue et les Algorithmes Génétiques.

2.4.2.2.1 Le recuit simulé

La méthode du recuit simulé a été mise au point en 1983 par trois chercheurs de la société IBM (S. Kirkpatrick, C.D. Gelatt et M.P. Vecchi), et par V. Cerny en 1985. C'est une méthode empirique inspirée d'un traitement thermique des matériaux (le recuit). Ce traitement thermique (alternance de chauffages et refroidissements lents) vise à atteindre une configuration atomique du matériau qui minimise l'énergie lors du refroidissement lent du matériau en fusion. En optimisation, il vise à trouver les extrema d'une fonction. De façon pratique, cela consiste à effectuer des déplacements aléatoires basés sur la distribution de Boltzmann, à partir d'un point initial. Si un déplacement mène à une amélioration de la fonction objectif, il est accepté avec une probabilité pi (probabilité de Boltzmann) [Kirk-1983]:

$$pi_{i \in S} = \frac{\exp(-E(C_i)/kT)}{\sum_{i \in S} \exp(-E(C_i)/kT)}$$
(II.49)

Avec :

- $E(Ci)$: énergie de la configuration cristalline (équivalent de la fonction objectif)
- S : espace de configurations possibles (équivalent de l'espace de recherche)
- T : température (équivalent au contexte où se trouve la recherche)

La température T est utilisée comme paramètre. On utilise un paramètre, appelé la température (notée T). En effet si :

- T élevée : tous les voisins ont à peu près la même probabilité d'être acceptés.
- T faible : un mouvement qui dégrade la fonction de coût a une faible probabilité d'être choisi
- T= 0 : aucune dégradation de la fonction de coût n'est acceptée.

La température varie durant le processus. Elle est élevée au début et tend vers 0 à la fin.

Le schéma du recuit simulé est le suivant :

1. Engendrer une configuration initiale S_0 de S ; S = S_0
2. Initialiser T en fonction du schéma de refroidissement
3. Répéter
   - Engendrer un voisin aléatoire S' de S
   - Calculer D = f(S') – f(S)
   - Si CritMetropolis (Δ, T), alors S = S'
   - Mettre T à jour en fonction du schéma de refroidissement

4. Jusqu'à <condition fin>

5. Retourner la meilleure configuration trouvée

La fonction CritMetropolis (Δ, T) est une fonction stochastique. Elle est appelée deux fois avec les mêmes arguments. Elle peut renvoyer tantôt «vrai» et tantôt «faux».

Le critère de Metropolis (CritMetropolis) s'explique ainsi :

- fonction CritMetropolis (Δ, T)
  - Si $\Delta \leq 0$, renvoyer VRAI
  - Sinon
    - avec une probabilité de Exp (Δ / T) renvoyer VRAI
    - Sinon renvoyer FAUX

Un voisin qui améliore (Δ <0) ou à coût égal ($\Delta = 0$) est toujours accepté. Une dégradation faible est acceptée avec une probabilité plus grande qu'une dégradation plus importante.

C'est un algorithme facile à implanter, et qui en général donne une bonne solution. Cependant, une fois piégé à basse température dans un minimum local, il ne peut plus en sortir. L'utiliser dans le cas de notre étude ne nous garantirait pas la meilleure solution.

2.4.2.2.2 La recherche Taboue

C'est une méthode itérative d'optimisation, présentée en 1986 par Fred Glover. Elle consiste à partir d'une position donnée :

- à explorer le voisinage
- et à choisir dans ce voisinage la position qui minimise la fonction objectif.

Cette opération peut conduire à une augmentation de la valeur de la fonction, lorsque tous les points du voisinage ont une valeur plus élevée : on obtient ainsi le minimum local. Cependant, il se peut qu'à l'étape suivante, on retombe dans le minimum local auquel on vient d'échapper. Raison pour laquelle, les résultats précédents obtenus sont mémorisés. Cela consiste à interdire de revenir sur les dernières positions déjà explorées (d'où le nom de « Tabou »). On conserve ces positions dans une file appelée « liste tabou », nécessitant une grande mémoire. Pour remédier à ce problème, on ne garde que les mouvements précédents, associés à la valeur de la fonction à minimiser [Hajj-2005].

L'algorithme ci-dessous montre le processus de cette méthode [Rebr-1999] :

1. Choisir une solution initiale $x \in X$
2. $x = x^*$
3. $T \leftarrow \emptyset$, liste des transitions interdites
4. $k = 0$, compteur des itérations
5. $l = 0$, compteur des itérations
6. Tant que $S(x) \setminus T \neq \emptyset$
   - $k = k + 1$
   - $l = l + 1$
   - $x \leftarrow$ meilleure solution de $S(x) \setminus T$
   - Si $C(x) < C(x^*)$, $x^* = x$ et $l = 0$
   - Si $k = k_{fin}$ ou $l = l_{fin}$ aller en 7
   - Mise à jour de T
7. Fin de Tant que
8. Retourner x^*

Dans cet algorithme, nous avons :

- $C(s)$: coût d'une solution s,
- X : ensemble des solutions,
- x^* : meilleure solution courante,
- $S(x)$: ensemble des solutions voisines de la solution x,
- k_{fin} : nombre maximum d'itérations autorisées
- l_{fin} : nombre d'itérations autorisées sans amélioration.

La liste T des itérations interdites est continuellement mise à jour, à chaque itération.

C'est un algorithme précis et qui a l'avantage de bien exploiter l'historique des résultats déjà obtenus (contrairement au recuit simulé). Il constitue une bonne méthode d'optimisation.

2.4.2.2.3 Les algorithmes génétiques

Ils sont l'œuvre de John Holland et de ses collègues et élèves de l'Université de Michigan, en 1960. Les résultats de leurs travaux (publiés en 1975 dans un livre intitulé « *Adaptation in Natural and Artificial System* ») ont introduit un opérateur dit « enjambement », en complément des « mutations » [Hola-1975]. Cet opérateur permet de se rapprocher de l'optimum d'une fonction, en combinant les gènes contenus dans différents individus de la population. Plus tard en 1989, David Goldberg rendit cette méthode populaire à travers son livre «*Genetic Algorithms in Search, Optimization, and Machine Learning* » [Gold-89].

Ils s'appuient sur les techniques dérivées de la génétique et de l'évolution naturelle : croisement, mutation, sélection, etc. Ils recherchent le ou les extrema d'une fonction définie sur un espace de données. Pour cela, on doit disposer des 5 éléments suivants [Alliot et al-2005] [Dura-2004]:

1. <u>Un principe de codage de l'élément de population</u> : le codage consiste à associer, à chacun des points de l'espace d'état, une structure de données. Il s'effectue généralement après une phase de modélisation mathématique du problème traité. On trouve principalement le codage binaire et le codage réel.

Pour le codage binaire, un chromosome s'écrit sous la forme d'une chaîne de bits de l'alphabet binaire{0,1}. Ce type de codage présente l'intérêt principal de faciliter l'implémentation des opérateurs de mutation et de croisement. Cependant, sa performance est conditionnée par la longueur de la chaîne.

Le codage réel consiste à travailler directement sur les variables réelles elles-mêmes. Cela présente l'avantage d'être mieux adaptées aux problèmes d'optimisation numérique continus, d'accélérer la recherche et de rendre plus aisé le développement des méthodes hybrides avec des méthodes plus classiques. Néanmoins, il a l'inconvénient, principalement, de nécessiter une implémentation spécifique pour les opérateurs de mutation et de croisement.

2. Un mécanisme de génération de la population initiale : Il doit être capable de produire une population d'individus non homogène, qui servira de base pour les générations futures. Le choix de la population initiale est important, car il peut rendre plus ou moins rapide la convergence vers l'optimum global. Dans le cas où l'on ne connait rien du problème à résoudre, il est essentiel que la population initiale soit répartie sur tout le domaine de recherche.

3. Une fonction à optimiser : Celle-ci retourne une valeur de R^+ appelée *fitness,* ou fonction d'évaluation de l'individu.

4. Des opérateurs permettant de diversifier la population au cours des générations et d'explorer l'espace d'état : L'opérateur de croisement recompose les gènes d'individus existant dans la population, l'opérateur de mutation a pour but de garantir l'exploration de l'espace d'états.

5. Des paramètres de dimensionnement : Taille de la population, nombre total de générations ou critère d'arrêt, probabilités d'application des opérateurs de croisement et de mutation.

Le principe général des algorithmes génétiques est représenté sur la figure 2.76 suivante :

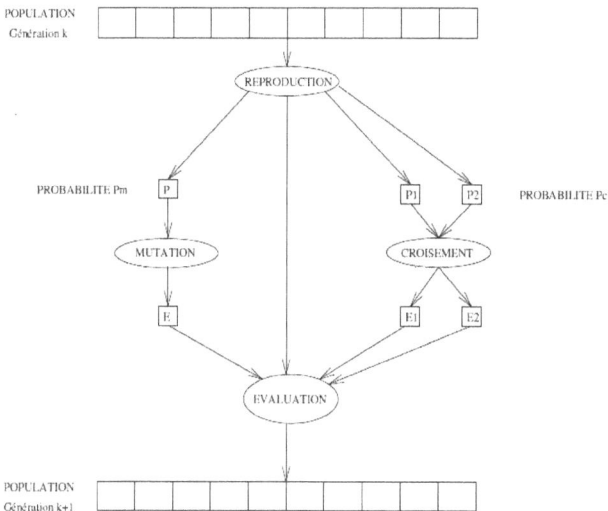

Figure 2.76: Principe général des algorithmes génétiques

133

Au début, les populations sont générées de façon aléatoire. Pour passer d'une génération k à la génération k+1, les trois opérations suivantes sont répétées pour tous les éléments de la population k :

- sélection des couples de parents P_1 et P_2 en fonction de leurs adaptations,

- application de l'opérateur de croisement avec une probabilité P_c (généralement autour de 0.6),

- génération des couples d'enfants C_1 et C_2.

D'autres éléments P sont sélectionnés en fonction de leur adaptation. L'opérateur de mutation leur est appliqué avec la probabilité P_m (P_m est généralement très inférieur à P_c), et génère des individus mutés P_0. Le niveau d'adaptation des enfants (C_1, C_2) et des individus mutés P_0 est ensuite évalué avant insertion dans la nouvelle population. L'algorithme peut être arrêté lorsque la population n'évolue plus ou plus suffisamment rapidement.

Il faut noter que si l'on désire limiter le temps de recherche de solution, on fixe à priori le nombre de générations que l'on souhaite exécuter.

- **L'algorithme type [Rebr-1999]**

La structure générale d'un algorithme génétique illustrée par la figure 2.76 est la suivante :

1. Population P_0, P_1

2. Individus $P_0^1, \ldots, P_0^n$

3. Pour $1 \leq i \leq n$ $P_0^i \leftarrow$ solution aléatoire

4. Tant que fin non décidé

5. Pour $1 \leq i < n/2$ croisement (P_0^{2*i}, P_0^{2*i+1})

6. Pour $1 \leq i < n$ mutation P_0^i

7. $P_1 \leftarrow$ sélection (P0)

8. $P_0 \leftarrow$ P1

La population est constituée d'un ensemble d'individus caractérisés par leurs chromosomes. La phase essentielle de l'évolution est la reproduction, et est guidée par la sélection naturelle. Cette sélection naturelle est simulée par la fonction sélection naturelle en vue de favoriser les « bons » individus. La population évolue grâce à trois phases principales : la sélection des « bon » individus, la suppression des « mauvais », la duplication si nécessaire des « bons ».

- **Les variantes**

Les algorithmes génétiques fonctionnent suivant le même principe. Il existe cependant plusieurs variantes suivant la représentation choisie, les opérateurs de croisement, de mutation et de sélection [Rebr-1999].

- **Sélection**

C'est l'opérateur chargé de favoriser les meilleurs individus. Il existe principalement deux types de sélection : la sélection par roulette biaisée, et la sélection par tournoi. La figure 2.77 représente la sélection par roulette biaisée, pour une population de 4 individus.

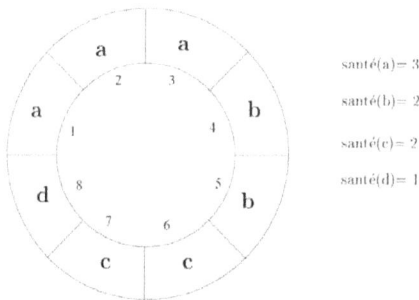

Figure 2.77: Sélection par roulette biaisée [Rebr-1999]

La sélection consiste ici à chercher la valeur santé la plus élevée. La population est au nombre de 4 individus, et la somme santé est 8 (d'où 8 cases). La roulette est lancée 4 fois, et à chaque fois on insère l'individu choisi par la bille virtuelle dans la population.

La sélection par tournoi, quant à elle, consiste à comparer deux individus et à ne garder que le meilleur des deux. Elle se fait à chaque création ou modification d'un individu. Elle est employée après chaque croisement ou mutation, pour voir si les nouveaux individus générés doivent être retenus ou non.

- **Croisement (cross-over)**

Comme son nom l'indique, le croisement consiste à construire un individu (une solution), à partir de plusieurs individus (solutions). Il permet de générer deux individus nouveaux à partir de deux individus ayant jusqu'alors survécu, et dont la valeur sélective est bonne. Les deux individus créés tireraient parti des points forts de leurs deux parents et donc leurs valeurs sélectives seront encore meilleures. Ils permettent alors d'explorer de nouvelles régions de l'espace, et peut être se rapprocher de l'extremum.

Pour ce faire :

    - On choisit deux individus dans la population sélectionnée

    - On recombine les gènes des parents avec une probabilité Pc, de façon à former deux descendants possédant des caractéristiques issues des deux parents.

On en définit quelques types de croisements :

    - Type 1 : l'enfant formé prend aléatoirement le gène de l'un ou l'autre parent, comme l'exemple ci-dessous :

$$Parents: \begin{cases} (a_1, a_2, a_3, a_4, a_5, a_6) \\ (b_1, b_2, b_3, b_4, b_5, b_6) \end{cases} \rightarrow Enfants: \begin{cases} (a_1, a_2, a_3, a_4, b_5, b_6) \\ (b_1, b_2, b_3, b_4, a_5, a_6) \end{cases}$$

Ce type de croisement est appelé : « croisement discret en un point ».

    - Type 2 : le croisement effectue une opération linéaire sur des gènes choisis au hasard chez les deux parents (un gène a une chance sur deux d'être touché par l'opération avec son homologue chez l'autre parent). Deux parents pourraient donner deux enfants comme suit :

$$Parents: \begin{cases} (a_1, a_2, a_3, a_4, a_5) \\ (b_1, b_2, b_3, b_4, b_5) \end{cases} \rightarrow Enfants: \begin{cases} (ka_1 + (1-k)b_1, a_2, a_3, ka_4 + (1-k)b_4, a_5) \\ (kb_1 + (1-k)a_1, b_2, b_3, kb_4 + (1-k)a_4, b_5) \end{cases}$$

Ici, k est un nombre aléatoire entre 0 et 1.

Ce type de croisement est appelé : « croisement continu ».

- **Mutation**

Elle a pour but de diversifier la population. Elle entraine une altération d'une partie des chromosomes. La figure 2.78 représente un exemple de mutation.

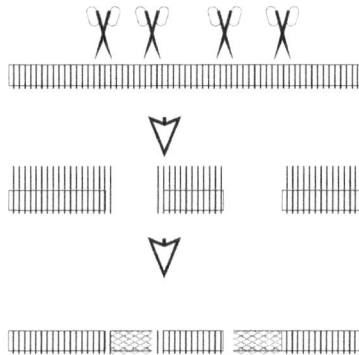

Figure 2.78: Exemple de mutation

Le chromosome représenté par une chaine est coupé en deux endroits. Les deux parties peuvent être échangées ou reconstruites.

Exemple d'optimisation : Production d'électricité dans un site isolé au Laos

Cet exemple est issu des travaux de Sengprasson PHRAKONKHAM, qui a soutenu sa thèse de doctorat en 2012 au LGEP. Sa problématique tournait autour de l'optimisation de la production d'énergie électrique à partir d'une centrale hybride pour un site isolé d'un village du Laos.

- Fonction objectif : Annualized Least Cost of Energy (moindre coût annualisé de l'énergie). Il s'agit, en d'autres termes, de déterminer le nombre optimal de composants permettant de satisfaire la demande en énergie des populations du site. C'est donc une optimisation mono-objectif.

- Variables : ce sont les nombres de chaque composante (N_{pv} : nombre de panneaux photovoltaïques, NHt : nombre de turbines hydrauliques, N_{bat} : nombre de batteries d'accumulateurs, Ninv : nombre d'onduleurs, Ngen : nombre de groupes électrogènes, LVG : réseau basse tension).

Ces variables sont dans un premier temps considérées comme continues. En effet, le modèle utilisé se sert des puissances produites pour en déduire les nombres des composantes, par simple division par la puissance unitaire. Les nombres ainsi obtenus sont discrétisés pour donner des valeurs entières.

- Contrainte : c'est le taux de panne (FOR : Forced Outage Rate). Il concerne les éléments de la centrale les plus susceptibles de tomber en panne. Il s'agit des turbines hydrauliques, des onduleurs et des contrôleurs de charge des batteries.

La méthode d'optimisation est l'algorithme génétique sous Matlab/Simulink. Le modèle sous Simulink est représenté sur la figure 2.79 ci-dessous.

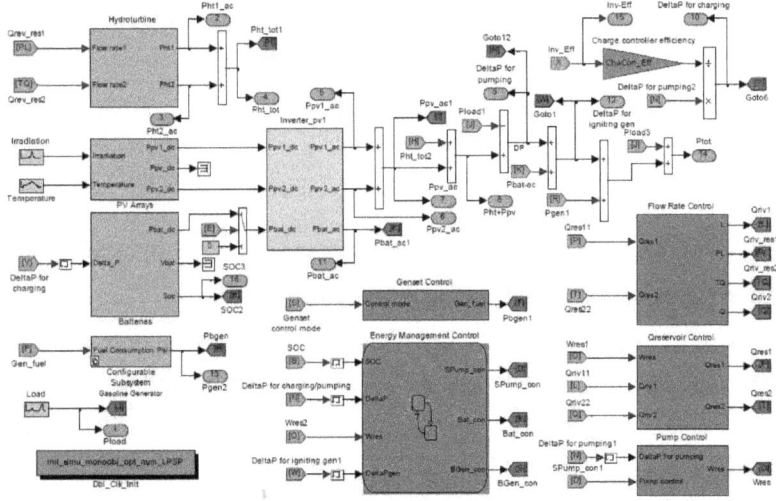

Figure 2.79: Modèle sous Simulink de la centrale multi-source (Laos) [Phra-2012]

Le choix de l'algorithme génétique est motivé essentiellement par:

- le caractère aléatoire du problème
- la nature non continue des variables

2.4.3   Conclusion sur l'optimisation

Nous avons, au cours de cette partie du chapitre, essayé de présenter dans leur globalité un certain nombre d'algorithmes. Dans la typologie choisie, on distingue deux grandes familles : les méthodes déterministes ou exactes et les méthodes stochastiques. Nous nous sommes intéressés particulièrement à ces dernières. En effet, si nous opposons les deux aspects de l'optimisation, à savoir l'exploitation et l'exploration de l'espace de recherche, nous pouvons dire que la méthode du recuit simulé permet une bonne exploration, puisque tout point a une probabilité identique d'être atteint. Cependant, l'historique des résultats déjà obtenus reste mal exploité par rapport à celui obtenu par la recherche taboue. Les algorithmes génétiques offrent un bon compromis exploitation/exploration. Ils n'exigent pas une fonction différentiable. De plus, ils ont l'avantage d'être robustes, simples et faciles à mettre en œuvre, ce qui les rend populaires.

Conclusion

Nous avons, dans ce chapitre, présenté les principaux outils et méthodologies pour l'optimisation et la commande de notre système. Cette présentation n'est certes pas exhaustive mais pour l'essentiel, on y trouve les principaux outils et méthodologies.

En première partie, nous avons fait une présentation d'outils logiciels utilisés dans la conception et l'optimisation des systèmes hybrides. Il ressort de l'analyse réalisée que les outils comme iHOGA, HOMER et Matlab sont dédiés à la conception, à l'optimisation et à la simulation. Cependant, Matlab offre plus d'avantages, en raison notamment de sa flexibilité et de son ouverture. En effet, en plus de sa bibliothèque fournie en modèles, il offre la possibilité à l'utilisateur de concevoir ses modèles. D'autres logiciels cités sont destinés à aider l'utilisateur à prendre une décision par rapport à la viabilité d'un projet (cas de RETScreen, LEAP). Pour le reste, il s'agit d'outils qui servent à la simulation pour l'essentiel.

En seconde partie, nous avons présenté les outils de formalisme et de commande des systèmes. En effet, dans un processus de conception de système physique, on est appelé à représenter l'objet en question. Ces outils sont nombreux et variés. Nous avons choisi de traiter les principaux outils graphiques, à savoir : le Bond Graph (BG), le Graphe Informationnel Causal (GIC) et la Représentation Energétique Macroscopique (REM). Ces outils ont un point commun : leur causalité. Cependant, le GIC et la REM sont plutôt destinés à la commande alors que le BG est plutôt un outil de conception. Nous avons choisi d'utiliser la REM pour la commande de notre système, parce qu'elle est plus adaptée aux systèmes complexes, de par sa simplicité, mais aussi elle se base sur les transferts d'énergie dans sa conception. Elle est applicable sous Matlab.

Dans la troisième partie, il s'agissait de modéliser les différentes composantes de notre système. Plusieurs modèles ont été vus. Pour chaque élément du système, on a pu établir les relations entre les grandeurs mises en jeu (modèles mathématiques). L'autre aspect de cette modélisation consistait à choisir parmi plusieurs possibilités un modèle qui sied le mieux à notre simulation.

En dernière partie, nous avons présenté des outils d'optimisation. Ils ont été classés en deux grandes classes: (i) les algorithmes déterministes ou exacts (méthodes calculatoires et méthodes énumératives), (ii) les algorithmes stochastiques. Parmi ces derniers, l'algorithme génétique a le plus retenu notre intérêt dans le processus d'optimisation (de dimensionnement) de notre système. C'est un algorithme qui a une capacité de calcul parallèle intéressante, et qui est disponible sous Matlab. D'autre part, il a fait l'objet de plusieurs expériences au sein du laboratoire, raison pour laquelle, nous l'avons choisi pour la conception de notre système.

CHAPITRE III

CHAPITRE 3
Conception et pilotage d'un site isolé de production
d'électricité - Application au village de M'Boro/Mer au
Sénégal

3.1 Introduction

La mise en œuvre d'unités de production d'énergie électrique, sur site isolé à partir de ressources renouvelables, n'est pas chose aisée. En effet, en raison de la diversité des composantes, et surtout du caractère très imprévisible de la ressource (vent, rayonnement solaire, etc.), l'opération peut s'avérer délicate. La méthodologie de dimensionnement pour un site donné consiste à :

- déterminer le profil de charge (de la demande) à partir d'une estimation des besoins des populations,
- évaluer la ressource énergétique disponible sur le site
- déterminer les composants du système (nombre, coût, etc.)
- en déduire la meilleure combinaison pour le système

Nous avons vu dans le chapitre 2, les principales méthodes d'optimisation. Il s'agit ici dans ce chapitre 3, de procéder à un dimensionnement optimal de notre système hybride, en utilisant un Algorithme Génétique. En d'autres termes, déterminer la meilleure combinaison possible, permettant de satisfaire la demande au moindre coût.

D'autre part, un algorithme de pilotage du système permettra, de gérer le fonctionnement de l'ensemble. Pour ce faire, la Représentation Energétique Macroscopique (REM) sera utilisée comme outil de modélisation pour la commande.

L'optimisation du dimensionnement consiste ici, à déterminer, les nombres, et types de composants permettant de minimiser le coût total du système, tout en satisfaisant la demande en énergie. Les paramètres entrant en ligne de compte sont:

- les données météorologiques: irradiation, températures ambiantes, vitesses de vents
- les caractéristiques des composants: panneaux PV, turbine éolienne, onduleurs, etc.
- le profil de la charge

3.2 Démarche de conception

Comme annoncé dans l'introduction, la démarche de conception d'un site isolé de production d'énergie électrique à partir de sources renouvelables se déroule sur plusieurs étapes. La figure 3.1 suivante résume les différentes phases de cette conception.

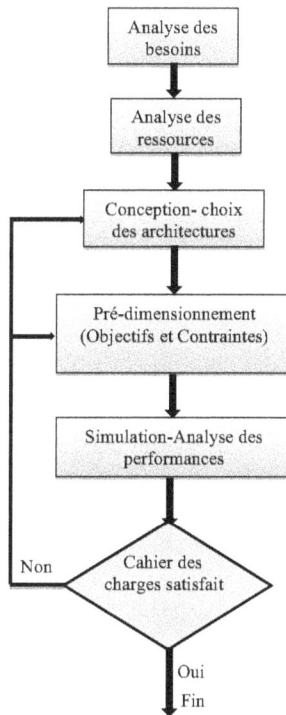

Figure 3.4: Principales étapes de la conception d'un site isolé de production d'énergie électrique

3.3 Principaux critères de performance

Dans le processus de dimensionnement optimal d'une centrale hybride, beaucoup de critères entrent en ligne de compte. Ces critères permettent, d'apprécier, ou d'évaluer l'objectif fixé. Pour notre cas, on peut citer principalement :

3.3.1 La probabilité de perte de l'alimentation (LPSP)

La LPSP (Loss of Power Supply Probability) est un indicateur, permettant de mesurer la fiabilité du système, en indiquant le niveau de satisfaction de la demande de la charge. C'est un facteur qui mesure la performance du système, pour une charge prévue ou connue. Il varie entre 0 et 1. Une LPSP de 0 signifie que la demande sera toujours satisfaite, et une LPSP de 1 signifie que la demande ne sera jamais satisfaite. C'est un paramètre statistique. Son calcul est axé à la fois sur la période d'abondance et de rareté de la ressource. Par conséquent, sur une période de rareté de la ressource, le système va «souffrir» d'une plus grande probabilité de perte d'alimentation. Il existe deux approches pour l'application de la LPSP pour un système hybride autonome. La première est basée sur la simulation chronologique. Cette approche est mathématiquement lourde et exige la disponibilité des données couvrant une certaine période. La seconde approche utilise des techniques probabilistes pour intégrer la nature fluctuante de la ressource et de la charge, éliminant ainsi, le besoin de données de séries chronologiques [Hong et al-2007] [Haki et al-2008] [Abou et al-1990] [Abou et al-1991]. Les équations suivantes permettent de l'exprimer.

$$LPSP = \frac{\sum_{t=0}^{T} Power\ failure\ time}{T} \tag{III.1}$$

$$= \frac{\sum_{t=0}^{T} Time\left(P_{available}(t) < P_{needed}(t)\right)}{T} \tag{III.2}$$

Avec :
- Power failure time : Temps pendant lequel la demande n'est pas satisfaite
- $P_{available}$: Puissance disponible
- P_{needed} : Puissance demandée
- T : Période

Au Sénégal, pour le réseau public, le coefficient de disponibilité projeté de l'unité de production nationale en 2013 est de 86,2% (voir figure 3.2). La probabilité de la perte d'alimentation correspondante vaut alors 13,8% (100% - 86,2%).

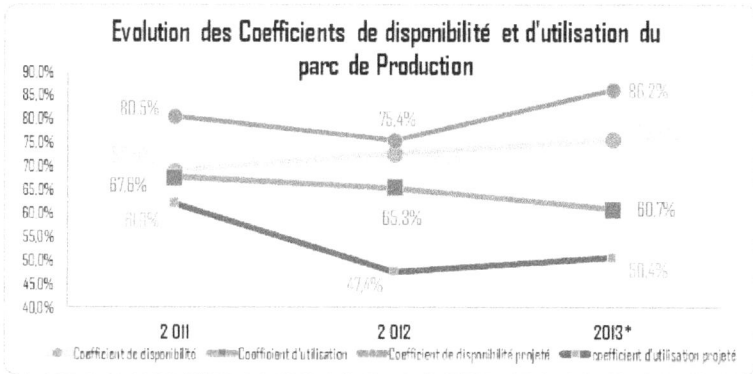

Dans notre étude, nous avons fixé un LPSP de 1% qui correspond à environ 4 jours/an d'indisponibilité de l'énergie. C'est une valeur acceptable pour une installation autonome de production d'énergie électrique. Cette durée peut être mise à profit, pour des actions de maintenance. En tout état de cause, elle reste très en deçà, de l'indisponibilité constatée, sur le réseau public, comme l'atteste la figure 3.2

3.3.2   Le coût net actualisé (NPC)

Le coût net actualisé (NPC: Net Present Cost) intervient dans le modèle économique et exprime le coût réel de chaque composant du système. Pour un composant donné, le NPC intègre le coût d'acquisition, le coût de remplacement et le coût lié à la maintenance. Il prend en compte le taux d'inflation et les taux d'intérêt. Il est donné par la formule suivante: [Lopez et al-2008].

$$NPC = \frac{C_{tot}}{CRF} \tag{III.3}$$

Avec :
- NPC : Coût net actualisé
- C_{tot} : Coût total annualisé

3.3.3   La charge non satisfaite (UL)

La charge non satisfaite (UL: Unmet Load) intervient aussi dans le modèle économique, et permet de quantifier la demande énergétique non satisfaite. Elle est équivalente au taux de délestage, en pourcentage. Son expression est donnée par la formule suivante [Lopez et al-2005], [Lopez et al-2008], [Augs et al-2009]:

$$UL = \frac{E_{load\_ns}}{E_{load\_dem}} * 100 \qquad\qquad (III.4)$$

Avec :
- E_{load_ns} : énergie non fournie (kWh/An)

- E_{load_dem} : énergie demandée (kWh/An)

3.3.4 L'excès d'énergie (EE)

L'excès d'énergie (EE: Energy Excess) représente la surproduction: l'énergie produite et non consommée. C'est le rapport entre l'énergie non utilisée et l'énergie totale produite. Il est exprimé par la formule suivante [Diaf et al-2007]:

$$EE = \frac{WE(t)}{E_{tot}(t)} \qquad\qquad (III.5)$$

Avec :
- WE : énergie non utilisée (kWh/an)

- E_{tot} : énergie totale produite (kWh/an)

Dans le cas où le micro-réseau est relié au réseau principal, cet excès d'énergie peut être injecté dans ce réseau principal.

3.3.5 Le coût annualisé du système (ACS)

Le coût annualisé du système (ACS: Annualized Cost of System) est l'estimation du coût du système pour une durée de fonctionnement donnée. Il intègre tous les éléments entrant en ligne de compte dans l'acquisition, l'exploitation, la maintenance, etc. Le modèle économique basé sur le coût annuel du système est donné par la formule [Hong et al_2007] [Li et al-2009]:

$$ACS = C_{taci} + C_{taom} + C_{tarep} \qquad\qquad (III.6)$$

Avec :
- ACS: Coût annualisé du système

- C_{taci}: Coût total de l'investissement

- C_{taom}: Coût total de la maintenance

- C_{tarep}: Coût total de remplacement des équipements

Le coût total de l'investissement (C_{taci}) est déterminé à partir de la formule suivante :

$$C_{taci} = \sum C_{ci} * CRF \qquad \text{(III.7)}$$

Avec :
- Cci: Investissement initial (acquisition et installation de chaque composant)
- C_{taci}: Investissement initial total
- CRF: Facteur de recouvrement du capital initial

Le facteur de recouvrement du capital initial est déterminé par :

$$CRF = \frac{IR_a(1+IR_a)^{LTproj}}{(1+IR_a)^{LTproj}-1} \qquad \text{(III.8)}$$

Avec :
- LT_{proj}: Nombre d'années du projet
- IR_a: Taux d'intérêt annuel.

Le taux d'intérêt annuel, est lié au taux d'intérêt nominal IR_{nom}, et au taux d'inflation IF_r par l'équation suivante :

$$IR_a = \frac{IR_{nom}-IF_r}{1+IF_r} \qquad \text{(III.9)}$$

Le coût annualisé de remplacement, représente les dépenses liées au renouvellement de certains équipements, durant la durée de vie du projet. Il est donné par l'équation suivante:

$$C_{tarep} = C_{rep} * SFF \qquad \text{(III.10)}$$

Avec :
- C_{rep}: Coût de remplacement du composant
- SFF : Facteur d'amortissement déterminé par l'expression suivante:

$$SFF = \sum_1^{LT} \frac{IR_a}{1+IR_a^{LT-1}} \qquad \text{(III.11)}$$

Avec LT : durée de vie du composant

Le coût annuel de la maintenance, représente les dépenses liées à la maintenance des composants du système. Il est fonction de l'inflation, et évolue chaque année durant le projet. Ainsi, le coût annuel de la maintenance à la $n^{ième}$ année, est donné par la formule suivante:

$$C_{taom} = (\sum_{j=2}^{Yope}(C_{1om} - (1 - IF_r)^j)CRF \qquad \text{(III.12)}$$

Avec :
- Y_{ope} : Nombre d'années de fonctionnement

147

- C_{1om} : Coût de la première opération de maintenance

3.3.6 Le taux de panne (FOR)

Un système ne peut pas être disponible à 100%. Il subit des dysfonctionnements, qui peuvent entraîner son arrêt. On définit le taux de panne (Forced Outage Rate) d'un composant d'un système de production d'énergie électrique, comme la probabilité de son indisponibilité. Il est aussi appelé, taux d'arrêt forcé (FOR: Forced Outage Rate). C'est le rapport, entre la durée de la panne de ce composant, et le temps de fonctionnement du système. Son expression mathématique, en fonction des puissances est donnée par l'équation suivante:

$$FOR = \frac{P_{out}}{P_{tot}}$$ III.13

Avec :

- P_{out} : Puissance des composants en panne
- P_{tot} : Puissance totale du système

Sa valeur varie entre 0 et 1 :

- 0 : signifie qu'aucun composant n'est en panne
- 1 : signifie que tous les composants sont en panne

3.3.7 Etat de charge des batteries

Dans un système hybride, avec stockage d'énergie, la batterie joue un rôle très important. Pour s'assurer de son bon fonctionnement (charge et décharge) et de sa préservation, un facteur est primordial: son état de charge (SoC). On détermine ses valeurs limites (mini et maxi), pour fixer la profondeur de décharge admissible, et son niveau de charge maximal. Le respect de ces valeurs constitue un facteur important dans la durée de vie des batteries.

L'état de charge peut être défini comme la capacité disponible, exprimée en pourcentage de sa capacité nominale en général.

3.3.8 Critères retenus

Parmi les sept critères définis plus haut, et compte tenu de notre problématique, nous avons retenu pour notre pré-dimensionnement optimisé les quatre critères suivants:

- le coût annualisé du système (ACS),
- la probabilité de perte de puissance (LPSP),
- le taux de panne (FOR),
- l'état de charge des batteries (SoC).

Le critère économique choisi est important au regard des faibles revenus des populations visées. Les deux autres critères (LPSP et FOR) sont de nature technique et sont en relation avec la disponibilité de l'énergie qui sera fournie. Le dernier critère, de nature mixte technico-économique, est l'état de charge, dont la gestion correcte, permet d'optimiser la durée de vie des batteries, et a donc un impact sur le coût de remplacement.

Le tableau 3.1 suivant, indique les valeurs retenues.

Tableau 3.1: Tableau des critères retenus et leurs valeurs

Critères	Valeurs retenues
Probabilité de perte de puissance (LPSP)	0,1
Coût annualisé du système (ACS)	Calculé par l'algorithme
Taux de panne (FOR)	Variant de 0 à 0,5
Etat de charge des batteries (SoC)	Valeur mini : 40%, valeur maxi : 90%

Pour les besoins de l'optimisation, nous ferons varier les taux de panne des batteries et de l'onduleur entre 0 et 0,5; étant donné qu'ils constituent les éléments les plus «vulnérables» du système. Les seuils retenus pour le SoC, sont les valeurs communément admises dans la littérature pour des batteries utilisées comme dispositifs de stockage dans des systèmes autonomes.

En pratique, pour leur prise en compte, ces critères constitueront des contraintes dans l'algorithme d'optimisation. Cela veut dire que :

- Pour LPSP : si pour une combinaison de composantes donnée la différence entre la puissance produite et celle demandée ΔP est inférieure à -0,01, cette solution est rejetée. Ainsi, on aura dans l'algorithme de la fonction-objectif:

```
if Delta_P_sim_Neg < -0.01                    %
déficit de puissance
fobj_values = NaN;                             %
solution rejetée
```

- Pour FOR : pour prendre en compte le taux de panne d'un composant donné, on intègre la puissance perdue due à cette panne en majorant le nombre de composants. On a par exemple pour la turbine éolienne :

```
Pwt_fail = Pwt*FOR_wt;        % puissance perdue
due aux pannes
Pwt_wfor = Pwt_fail + Pwt;    % puissance
intégrant la puissance perdue
```

- Pour le SoC : on exigera un niveau de charge pour la batterie en fin de journée pour garantir l'alimentation des maisons pour la journée suivante. On a par exemple :

```
if SOC_final - SOC_init <0    % différence des SoC
en fin et début de journée
fobj_values = NaN;            % solution rejetée
```

3.4 Application au site de MBoro/Mer

3.4.1. Présentation du site

Le village de MBoro/Mer (appelé aussi MBoro NDeunekat), est une localité située à 5km au nord-ouest de la commune de MBoro, dans le département de Tivaouane, dans la région de Thiès à une centaine de km de Dakar. Il est bordé par l'océan Atlantique, sur la «Grande Côte». Il est constitué d'une cinquantaine de maisons, qui s'étirent sur une longueur d'environ 500m (voir figures 3.3 a et 3.3b).

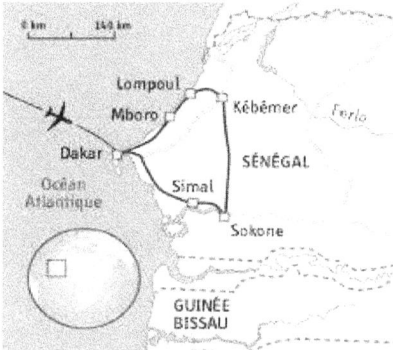

Figure 3.3 a: Localisation du site d'application   3.3 b: Vue aérienne du site par photo satellite.

La taille de la population est d'environ 500 habitants. Les principales activités sont la pêche et le maraîchage.

Le choix de ce site s'explique, par fait que, de par sa position géographique (15°9'0" Nord et 16°55'60" Est), il devrait disposer d'énergies renouvelables de type solaire photovoltaïque et éolien. De plus il est bordé par l'océan Atlantique, ce qui offre une possibilité pour l'exploitation des ressources énergétiques marines dès lors qu'elles auront été quantifiées. Il constitue donc un site intéressant pour l'implantation d'une unité de production d'énergie électrique avec hybridation des sources.

Par ailleurs, la nature des ressources en jeu (photovoltaïque et éolienne avec possibilité de connecter un groupe électrogène), les récepteurs utilisés au niveau des ménages (type alternatif) nous suggèrent la configuration DC/AC déjà explicitée dans le chapitre 1, paragraphe 1.4.5.2.3. La distribution en AC permet en effet d'alimenter directement les maisons sans avoir besoin d'installer un onduleur au niveau de chaque point de consommation.

3.4.2. Evaluation des ressources et de la demande

3.4.2.1. Ressource éolienne

Des mesures effectuées en 1999, à 15 et 30m de hauteur sur le site de MBoro sont représentées sur la courbe de la figure 3.4 suivante.

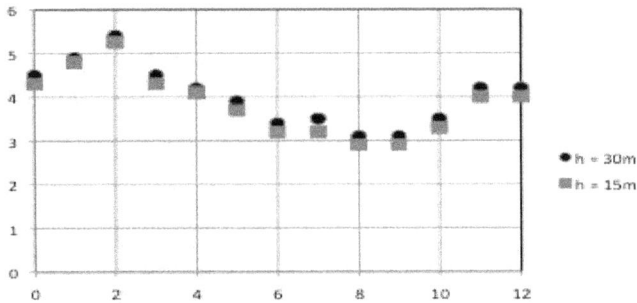

Figure 3.4: Vitesse moyenne mensuelle des vents sur le site de MBoro en 1999 [Youm et al-2005]

Cette courbe représente la vitesse moyenne sur un an. En 2003, des relevés effectués sur le même site nous donnent les vitesses de vent à 20m du sol. Ces données, dont un extrait est consigné dans le tableau 3.2 suivant, nous ont permis de faire les simulations. Il ressort de ces relevés que la vitesse moyenne des vents à cette hauteur est de l'ordre de 4 à 4,5m/s

Tableau 3.2: Vitesse des vents à 20m pour une journée de 2003

Horaire	0	1	2	3	4	5	6	7	8	9	10	11	12
Vitesses de vent	3,8	3,7	4,5	3,7	3,3	4,1	3,9	5,2	5,6	5,3	5,6	6,1	6,6
Horaire	13	14	15	16	17	18	19	20	21	22	23	0	
Vitesses de vent	7,4	7,6	4,8	2,1	1,6	2,9	2,7	1,5	1,5	0,7	1,6	3,8	

On en déduit la courbe suivante (figure 3.5)

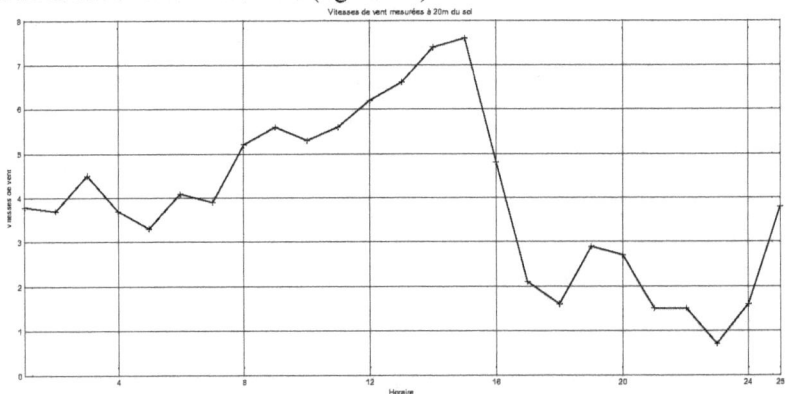

Figure 3.5: Courbe des vents à 20m du sol toutes les 10mn pour une journée de 2003 [kebe et al-2012]

152

3.4.2.2. Ressource solaire

En observant la carte de l'irradiation du Sénégal (Figure 1.11), nous remarquons que l'irradiation est assez homogène sur la "Grande Côte", de Dakar à Saint-Louis. On peut donc considérer par extrapolation que l'irradiation observée à MBoro est équivalente à celle de Dakar. Elle équivaut en moyenne à 5,4 kWh/m². Dans la figure 3.6 suivante, nous avons l'irradiation mesurée à Dakar, en une journée en Septembre 2010. Ces données seront utilisées en vue de la simulation du système.

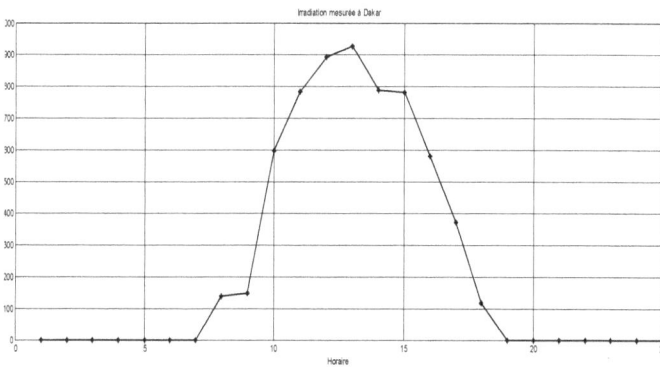

Figure 3.6: Courbe d'irradiation prise à 5mn d'intervalle pour une journée à Dakar [kebe et al-2012]

3.4.2.3. Courbe de charge

Comme dit dans le chapitre 2, elle est déduite des besoins en énergie des populations et de leur rythme de vie. La figure 3.7 représente la puissance demandée pour 24h de fonctionnement.

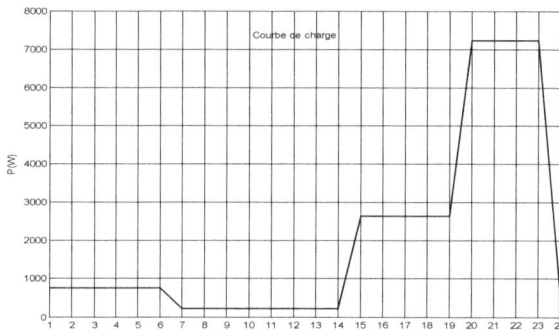

Figure 3.7: Courbe de charge P= f(t)

153

3.4.3. Architecture du système

Comme nous l'avions dit dans le chapitre 1, paragraphe 1.4.5.3, parmi les architectures existantes, deux sont effectivement présentes dans les installations en milieu rural sénégalais. Il s'agit :

- Une production centralisée avec une mutualisation de l'énergie produite au niveau du village. Dans ce cas, une hybridation solaire-diesel est souvent réalisée. La configuration du couplage est le DC/AC. En effet le bus DC relie la source PV aux batteries, tandis que le bus AC servira de connexion entre le groupe électrogène et l'onduleur le cas échéant.

- Une production localisée au niveau des ménages grâce aux « Systèmes Photovoltaïques Familiaux » (SPF)

3.4.3.1. Système hybride centralisé

L'unité de production d'énergie électrique est conçue par l'hybridation de deux sources principales d'énergie renouvelable, et d'un dispositif électrochimique de stockage. Il s'agit donc d'un système hybride composé de panneaux photovoltaïques, de générateurs éoliens et d'un système de stockage par batteries d'accumulateurs. La figure 3.8 ci-dessous représente le schéma de principe du système

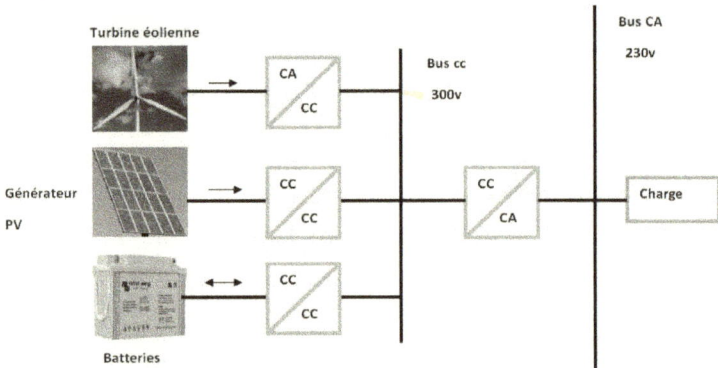

Figure 3.8: Schéma de principe du système hybride centralisé

Les tensions produites par les différentes sources sont adaptées par des convertisseurs statiques adéquats pour être connectées à un bus continu, dont la tension sera maintenue à 300V. Un onduleur de tension permet de délivrer une tension monophasée alternative sinusoïdale de 230V de valeur efficace, de fréquence 50Hz adaptée aux équipements des usagers. Le niveau de puissance (7,2kW en pointe) et l'étendue de l'installation (environ 500m) ne nécessitent pas l'usage d'un réseau triphasé et d'un transformateur élévateur.

Les avantages d'un tel système sont nombreux:

- mutualisation des ressources
- dimensionnement optimal de l'installation
- gestion centralisée de la sécurité de l'installation

Cependant, il présente certains inconvénients notamment:

- le risque de coupure généralisée en cas de défaillance de l'onduleur si aucune redondance n'est envisagée,
- la nécessité de mise en place d'un réseau de distribution
- l'existence de pertes d'énergie et de chute de tension liées à la distribution

3.4.3.2. Système familial individuel

Il est préconisé dans le cas de certaines applications de petite taille, et/ou dans le cas où les habitations sont très dispersées. Il consiste à doter chaque ménage d'un système autonome et individualisé. Il s'agit en général, d'un système photovoltaïque de puissance modeste (55 à 75W), avec un stockage intégré utilisé pour l'éclairage en particulier: d'où l'appellation *«Système Photovoltaïque Familial»*.

Il présente certains avantages, parmi lesquels, on peut citer:

- pas de coût et de pertes liés à la mise en place d'un réseau de distribution,
- pas de risque de coupure générale suite à un défaut.

Par contre, il présente des inconvénients, dont:

- l'absence de mutualisation des ressources ne permet pas une optimisation du dimensionnement des systèmes,
- la difficulté de procéder à une hybridation des ressources

3.4.4. Optimisation

La procédure d'optimisation du dimensionnement du système, dans le cadre de ce travail, vise deux objectifs principaux:

- la détermination des nombres optimaux et des types de composants du système, permettant de minimiser le coût total du système
- la gestion de l'énergie produite par le système, afin de pouvoir fournir au consommateur l'énergie dont il a besoin.

Pour ce faire, nous avons considéré une période de 20 ans. Le profil de charge, et le potentiel des sources sont supposés inchangés sur la période considérée. Les principaux paramètres utilisés pour le dimensionnement de composants sont les suivantes:

- les données météorologiques (vitesse du vent) étaient mesurées sur le site de MBoro/Mer à une hauteur de 20 m, tandis que les données solaires, résultats des données de rayonnement, à partir du site de Dakar. Le rayonnement peut être considéré comme équivalent à celui de la MBoro/Mer, en raison de la relative proximité des positions géographiques des deux sites (voir figure 3.1a).
- les panneaux photovoltaïques considérés sont de types SP 130 et BP 250, avec respectivement 130Wc, 24 V et 50Wc, 17V [SIEMENS-2013] [BP Solar-2013].

L'éolienne est du type WH3-G2, avec une puissance nominale de 1 kW, pour un rayon de 2 m et une hauteur de mât de 11m [Aeolos-2013]. Ce choix se justifie par le coût et nous ferons l'hypothèse que la vitesse du vent est sensiblement la même qu'à la hauteur de 15m. Chaque batterie a une capacité de 75Ah, pour une tension de 12V [Battery MAR-2013]. Le chargeur de batterie fonctionne sous 12V, et l'onduleur utilise une entrée continue de 48V.

Le système est optimisé avec une fonction objectif, à savoir: le coût annualisé du système (ACS). Ce dernier dépend également de la probabilité de perte d'alimentation (LPSP), du taux de panne et de l'état de charge des batteries. Cinq variables sont considérées ici pour l'optimisation:

- le nombre de panneaux photovoltaïques de type 1(N_{pvp1})

- le nombre de panneaux photovoltaïques de type 2(N_{pvp2})
- le nombre de turbines éoliennes (N_{wt})
- le nombre de batteries en parallèle (N_{batp})
- le nombre d'onduleurs (N_{inv})

Les nombres d'éléments en série (batteries, panneaux photovoltaïques) sont fixés en tenant compte, des tensions aux bornes de chaque élément, et de la tension de 48V préconisée à l'entrée des convertisseurs continu-continu. Ainsi on a:

- le nombre de panneaux photovoltaïques type 1 en série: $N_{pvs1} = 2$
- le nombre de panneaux photovoltaïques type 2 en série: $N_{pvs2} = 4$
- le nombre de batteries en série: $N_{bats} = 4$

Il faut noter qu'ici il s'agit d'une optimisation dite sur « étagère ». C'est-à-dire que les composants sont des éléments standards (donc existent déjà) et qu'il s'agit de déterminer leurs nombres.

En ce qui concerne la technique d'optimisation, le chapitre 2 a permis de déterminer que l'algorithme génétique était bien adapté à notre problématique.

La configuration retenue est la suivante : une taille de population de 128, un nombre d'élite de 6, une fraction de croisement de 0,8 et un nombre de générations limitées à 50. Les variables d'évaluation sont maintenues dans un domaine restreint: Lower bound (LB) = [0 0 0 0 0], Upper Bound (UB) = [10 20 20 10 200]

3.4.4.1. Modèle utilisé pour l'optimisation

Nous avons dans un premier temps utilisé le modèle de la figure 3.9 est issu des travaux de S. Phrakonkham [Phra-2012]. Il représente le système développé dans l'environnement de Matlab/Simulink. Il permet un dimensionnement du micro- réseau en s'appuyant sur les puissances des différents composants. Il comporte:

- des sources d'énergie (solaire et éolienne)
- un dispositif de stockage (batterie d'accumulateurs)
- un onduleur

- une charge

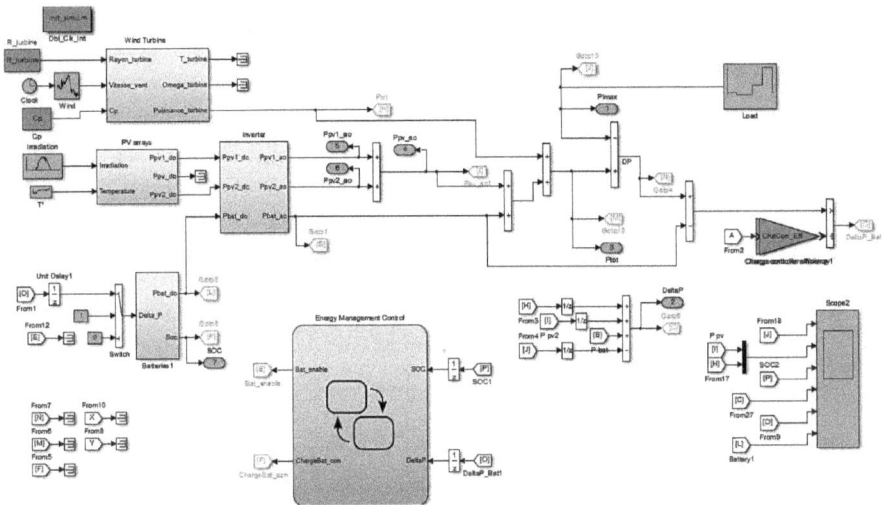

Figure 3.9: Modèle du micro-réseau sous Matlab/Simulink

3.4.4.2. Stratégie de fonctionnement et de gestion du flux d'énergie

Le fonctionnement du micro-réseau peut être décrit ainsi:

- Si la puissance totale produite par les ressources renouvelables (PV et éolienne), P_p est

supérieure à la demande (P_{load}), le surplus de puissance ΔP (P_p - P_{load}) est stocké dans les batteries et le nouvel état de charge (SoC) du banc de batteries est calculé. Si les batteries sont complètement chargées (SoC = 90%) et que P_p est toujours supérieure à P_{load}, le surplus d'énergie est dissipé (à travers une résistance par exemple) ou injecté dans le réseau si l'unité dispose d'un raccordement.

- Si la puissance Pp est inférieure P_{load} et que l'état de charge (SoC) est suffisant, le déficit de puissance est comblé par la décharge des batteries et le nouvel SoC est calculé.

158

-   Dans le cas où la puissance au niveau du bus continu est égale à la puissance fournie par les sources d'énergie, les batteries ne sont pas sollicitées et l'état de charge du banc de batteries reste inchangé.

Cette stratégie de fonctionnement du micro-réseau est illustrée par la figure 3.10.

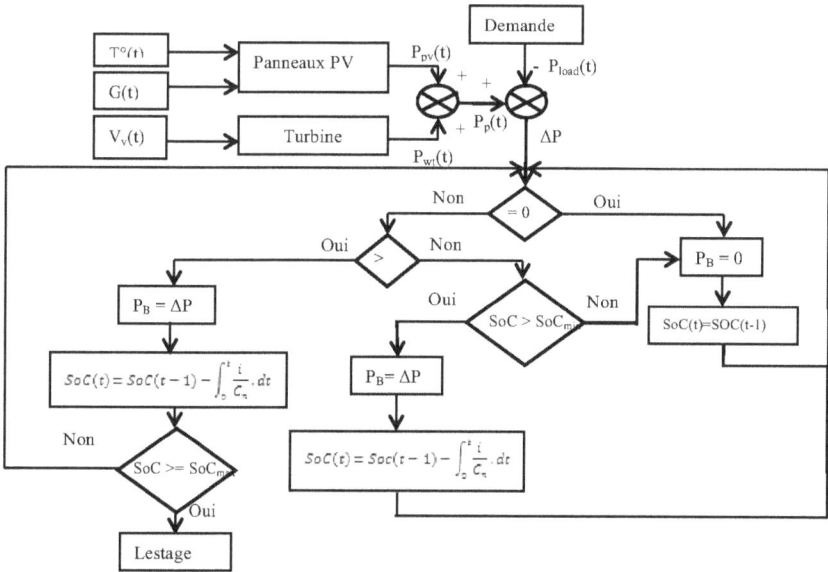

Figure 3.10: Stratégie de fonctionnement du micro-réseau

3.4.4.3.   Optimisation des constituants de puissance

3.4.4.3.1.   Paramètres de simulation

La simulation a été effectuée sous l'environnement R2012b/Simulink Matlab, pour une période de 24 heures, en utilisant les données moyennes enregistrées sur le site, comme décrit dans le paragraphe 3.3.2. L'algorithme génétique, intégré dans la boite à outils de Matlab / Simulink, est utilisé comme outil d'optimisation.

Les paramètres suivants ont été fixés:

*   IRnom = 0,13: taux d'intérêt nominal
*   IFr = 0, 04: taux d'inflation

- ts = 3600: temps d'échantillonnage en secondes
- Top_sys = 24*ts: durée de fonctionnement du système en secondes
- Topd = Top_sys/ts: durée de fonctionnement par jour en heures
- Topy = Topd*y2d: temps de fonctionnement par an en heures (avec y2d = 365j)
- Tstep = ts/h2s: pas d'échantillonnage en heures (avec h2s = 3600s)
- Ystep = 1: temps d'échantillonnage en année
- LTproj = 20: durée de vie du projet en année
- Yope = 20: durée de fonctionnement du système en années
- Nhh = 51: nombre de concessions électrifiées
- Llvgrid = 1000: longueur du câble d'alimentation basse tension en mètres
- LTlvgrid = 15: durée de vie du câble basse tension en années
- LT_pale = 10: durée de vie des pales de l'éolienne en années
- LT_gen = 10: durée de vie du générateur de l'éolienne en années
- LT_mult = 10: durée de vie du multiplicateur de l'éolienne en années
- Top_bat = 5: durée de vie des batteries en années

3.4.4.3.2. Résultats de l'optimisation pour un système centralisé

Le tableau 3.3 suivant montre les meilleures combinaisons (nombre de chaque composante) pour notre système, en fonction du taux de panne (FOR). Il contient également, le coût du système (ACS), la puissance totale tenant compte du taux de panne (Ptot_wfor), et l'état de charge final des batteries (SoC_final) [kebe et al-2012]. Le coût du système se répartit en 3 dépenses:

- la dépense liée à l'acquisition et à l'installation des équipements
- la dépense liée à l'exploitation et à la maintenance
- la dépense engendrée par le remplacement de certains équipements durant la période d'exploitation.

Tableau 3.2: Résultats de l'optimisation pour un système hybride centralisé

Taux de panne batteries (FOR)	N_{wt}	N_{pvp1}	N_{pvp2}	N_{batp}	N_{inv}	Coût total système (€)	Coût acquisition installation (€)	Coût maintenance (€)	Coût remplacement (€)	Ptot_wfor (kW)	SoC_init (%)	SoC_final (%)
0%	0	9	4	11	3	43088	4704	16882	21502	7,54	50	50,03
20%	0	6	10	11	3	43126	4833	17035	21258	7,41	50	51,37
40%	0	11	1	12	3	43465	4709	17010	21746	7.68	50	51,21
Solution avec turbine éolienne												
0%	1	5	6	9	4	46353	4426	21310	20617	7,17	50	55,19

La puissance installée était de 3140Wc (18x130 + 16x50) pour 44 (4x11) batteries de 75A.h. L'état de charge des batteries en fin de journée reste supérieur à 50%.

L'analyse des résultats permet de constater que :

✓ Le coût annualisé du système le plus faible, pour une période d'exploitation de 20 ans avec un taux de panne de 0%, est de 43088 €. Cela correspond à un coût moyen annuel de 2154 €. Ce coût réparti équitablement sur les 51 ménages s'élèverait à 42 €/ménage/an. Ce prix est largement «compétitif» par rapport au coût de l'énergie «conventionnelle» vendue par SENELEC. En effet, pour de tels ménages avec ce niveau d'équipement (TV, radio, lumière), il faudrait environ 135 € par an pour faire face aux factures d'électricité.

Ce coût annualisé du système de 43088 € se répartit ainsi :

- acquisition et installation : 4704 €
- exploitation et maintenance : 16882 €
- remplacement de certains équipements : 21502 €

La figure 3.11 suivante illustre cette répartition.

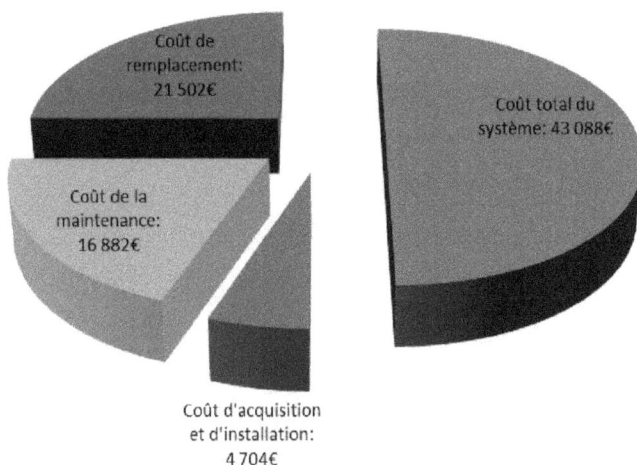

Figure 3.11: Répartition du coût du système

On remarque que, la principale dépense est liée au renouvellement de certains équipements. En effet, compte tenu de la durée de vie des batteries (5ans), des onduleurs, des pales de l'éolienne, du générateur de l'éolienne et des câbles basse tension (10ans), l'on est amené à les changer une ou plusieurs fois durant la durée de vie du projet. Elle représente 50% du coût global du système. La deuxième dépense la plus importante est, quant à elle, engendrée par la maintenance des équipements (39% du coût global). Vient en dernier lieu le coût d'acquisition et d'installation, qui ne représente que 11% des charges.

✓   Les meilleurs résultats d'optimisation n'intègrent pas d'éoliennes. La première combinaison comportant une éolienne est à la 53ème position, avec un coût total de 46353 €. Cela montre que l'exploitation du potentiel éolien dans cette zone ne serait pas efficiente, en tout cas pour des éoliennes de ce type. Il faudrait des éoliennes de puissance et de hauteur de mât plus importantes pour rentabiliser l'exploitation de l'énergie éolienne.

Toutefois, l'utilisation de l'éolienne malgré un coût plus élevé a l'avantage de réduire légèrement le nombre de batteries (9 au lieu de 11) car l'éolienne peut fournir de l'énergie la nuit en substitution ou en complément des batteries. Le nombre de panneaux est également réduit passant de 13 à 11.

L'évolution de la charge (P_{load}), des puissances produites (P_{wt} et P_{pv}), de la puissance de la batterie (P_{bat}) et de l'état de charge (SoC) est représentée par les figures 3.12 a (solution 1) et 3.12b (solution avec turbine éolienne) suivantes.

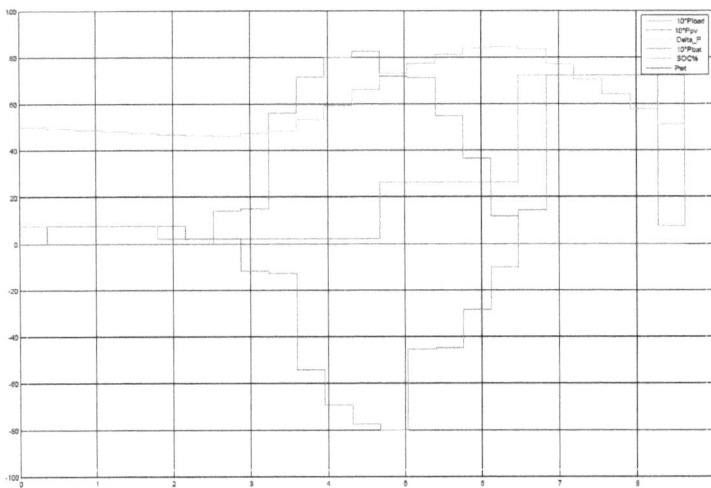
Figure 3.12 a: Evolution de Pload, Delta_P, Ppv, Pbat et SoC

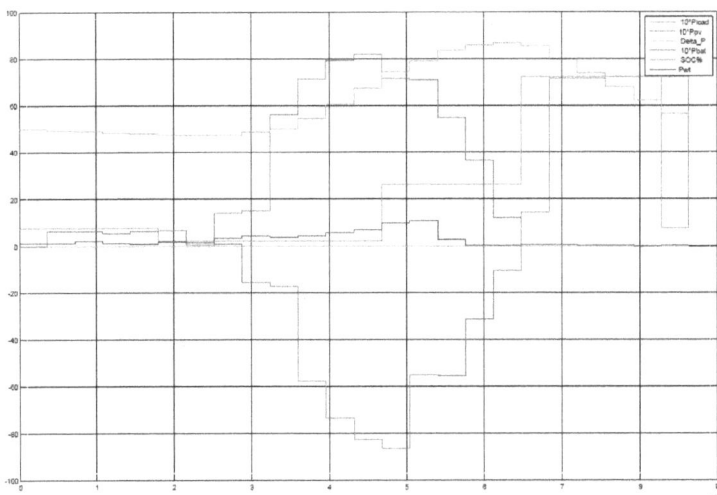
Figure 3.12 b: Evolution de Pload, Pwt, Ppv, Delta_P, Pbat et SoC

On constate sur cette figure 3.12a qu'en début de cycle, en l'absence du soleil, la charge (courbe jaune) est alimentée par les batteries (courbe rouge). Ainsi leur état de charge (courbe verte) qui était de 50% diminue jusqu'à l'apparition du soleil. A partir de ce moment, la puissance produite par le générateur photovoltaïque (courbe mauve), sert aussi bien à alimenter la charge qu'à recharger les batteries. Pendant toute la journée, les batteries sont rechargées

164

avec le surplus d'énergie produite par les panneaux déduction faite de la consommation de la charge. Pendant la nuit, les batteries assurent l'alimentation de la charge. Le SoC final en fin de cycle est donc supérieur au SoC initial (50,3%). Delta_P qui représente la différence entre la production et la consommation est toujours nul durant tout le cycle. Cela veut dire qu'il n'y a ni surdimensionnement ni sous dimensionnement.

Pour la courbe 3.12b, c'est le même scénario qui se produit. On note juste qu'en plus du générateur PV, on a la turbine éolienne qui produit de l'énergie (courbe bleue). Elle participe donc à la recharge des batteries et à l'alimentation de la charge. Le Delta_P reste nul et le niveau de charge des batteries en fin de cycle est de 55,19%.

3.4.4.3.3. Résultats de l'optimisation pour un système familial individuel

Les mêmes paramètres de simulation sont considérés, à l'exception:

- du nombre de ménage: $N_{hh} = 1$
- de la longueur des câbles basse tension: Llvgrid = 255m (5m / maison en moyenne)

Aussi, la taille (puissance unitaire) de certains équipements a été réduite. Ainsi, on a:

- pour l'éolienne: $P_{unitaire} = 200$ W
- pour les batteries: $C_{unitaire} = 55$ A.h
- pour l'onduleur: $P_{inv} = 300W$
- pour le contrôleur de charge: $S_{chacon} = 120$ VA

Le tableau 3.4 suivant donne la synthèse des résultats d'optimisation.

Tableau 3.4: Résultats de l'optimisation pour un système hybride individuel

Taux de panne batteries (FOR)	N_{wt}	N_{pvp1}	N_{pvp2}	N_{batp}	N_{inv}	Coût total système (€)	Ptot_wfor (kW)	SoC_init (%)	SoC_final (%)
0%	0	0	3	1	2	3657	0,25	50	59,88
10%	0	1	1	2	2	3705	0,28	50	62,62
30%	0	0	3	2	2	3799	0,33	50	61,21
40%	0	0	3	2	3	3847	0,35	50	60,41

L'analyse des résultats pour ce système individuel permet de voir que le coût moyen par famille est de 3657 € pour un taux de panne nul. Ce coût multiplié par le nombre de ménages (51) est de 186507 €. Une comparaison avec le coût du système collectif (43088 €) permet de constater que le système collectif est financièrement beaucoup plus avantageux

3.4.5. Optimisation du contrôle du système

L'alimentation de charges sur sites isolés par micro-réseau est soumise aux exigences de la qualité du service offert. En effet, la puissance fournie aux usagers doit être faite avec une tension et une fréquence conformes aux normes en vigueur. Le dispositif doit assurer le pilotage des convertisseurs (hacheurs et onduleurs), et aussi la gestion du flux d'énergie. Dans le chapitre 2, nous avons présenté les différents outils de représentation et montré l'intérêt dans notre étude de la Représentation Energétique Macroscopique (REM) comme support de représentation pour la modélisation et la commande.

3.4.5.1. Modèle du contrôle du système

3.4.5.1.1. Schéma global

La figure 3.13 ci-dessous représente le modèle REM du système. Le choix des sources (PV et batteries) est motivé par les résultats de l'optimisation du paragraphe 3.3.4.3.3. Le modèle est composé:

- d'une source photovoltaïque (PV)

- d'un élément de stockage (batterie d'accumulateurs)
- de la charge (load)
- de convertisseurs DC/DC (choppers)
- d'un bus continu (DC bus)
- de blocs destinés à la commande des convertisseurs
- d'un bloc destiné à la gestion du flux d'énergie

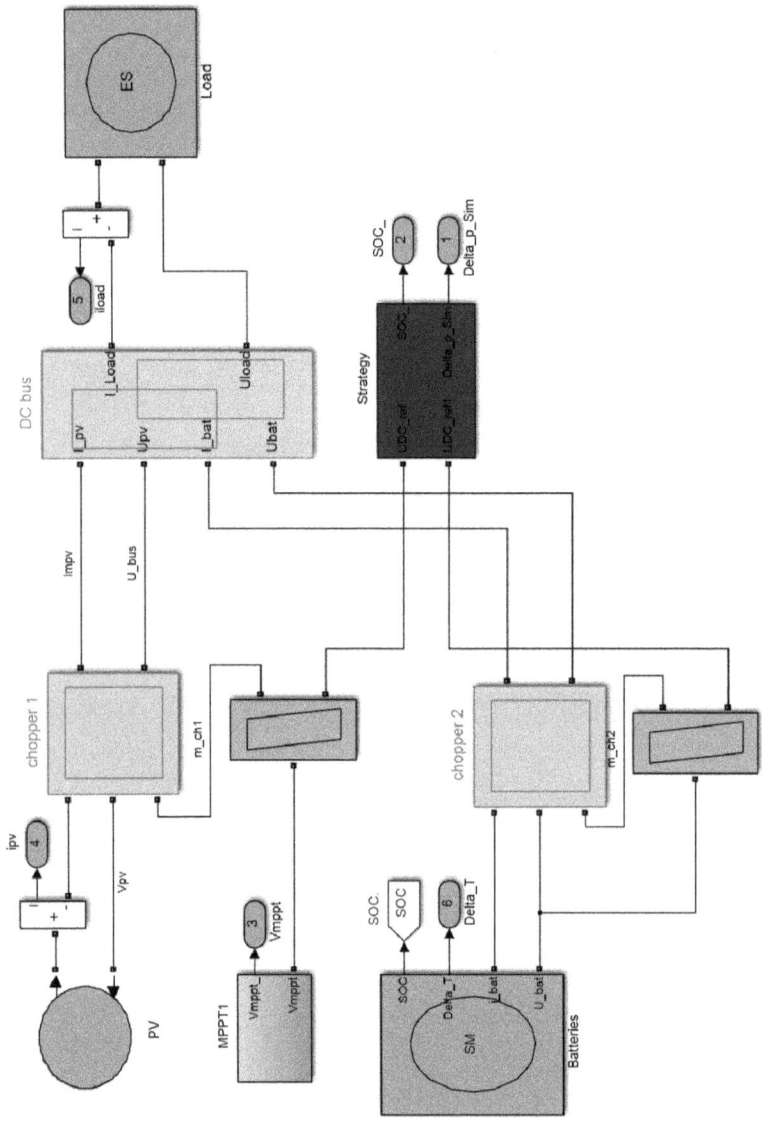

Figure 3.13: Modèle REM du micro-réseau

3.4.5.1.2. Présentation des modèles

- <u>La source PV</u>: Le champ photovoltaïque est considéré comme une source de courant. La MPPT est obtenue à partir du modèle numérique du panneau par look up table (couleur or), réalisé point par point à partir des données du constructeur. La différence entre la température ambiante et la température de référence de la jonction est multipliée par le coefficient de température (0,077) et la tension optimale du panneau, correspondant aux conditions météorologiques de référence[13] (42,8V). Le résultat obtenu est ajouté à la tension du panneau, pour donner la tension V_{mppt}, correspondant aux conditions météorologiques réelles. Cette tension constitue la donnée d'entrée du modèle PV (look up table). La sortie courant du look up table est multipliée par un coefficient déduit (Irradiance/1000), pour obtenir le courant I_{mppt} correspondant à la tension V_{mppt}. Le produit de ces deux grandeurs (V_{mppt} et I_{mppt}) donne la puissance maximale délivrée par le panneau. Les gains N_{pvs} et N_{pvp} prennent en compte respectivement, les nombres de panneaux en série et en parallèle (voir figure 3.14 suivante).

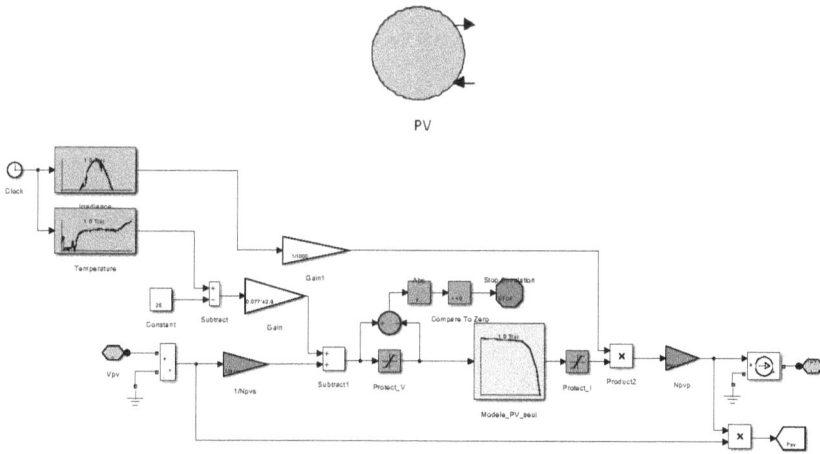

Figure 3.14: Modèle REM du panneau photovoltaïque

---

[13] Conditions météo de référence : Irradiance de 1000W/m^2, température de 25°C

La batterie d'accumulateurs: Le modèle de la batterie est une source de tension. La tension est obtenue en faisant le produit de la tension à vide par le nombre de batteries en série. Par ailleurs, le modèle comporte une entrée «Delta_P», utilisée dans la détermination de l'état de charge des batteries (voir figure 3.15 suivante).

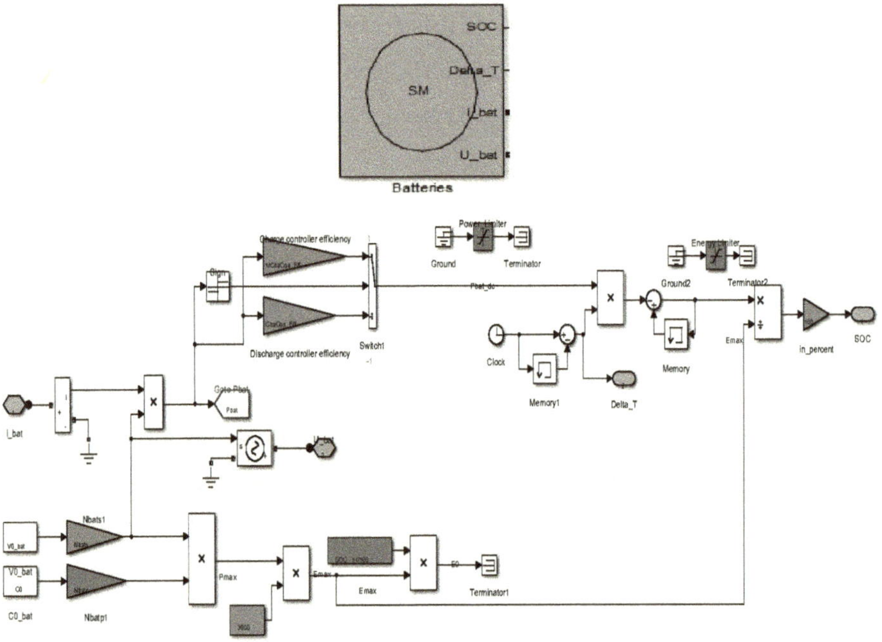

Figure 3.15: Modèle REM de la batterie d'accumulateurs

- Les hacheurs: le modèle du hacheur établi à partir de la relation entre les tensions moyennes à l'entrée et à la sortie. La figure 3.16 suivante représente ce modèle.

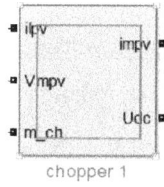

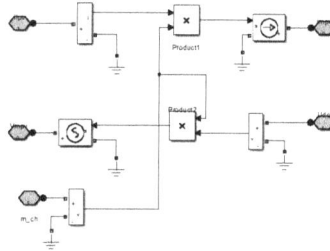

Figure 3.165: Modèle REM du hacheur

- Le bus DC : il assure la connexion entre les sources et la charge. La tension est commune à l'ensemble des appareils connectés (300V), mais, les courants forment un nœud. On a:

$$i_{load} = i_{pv} + i_{bat} \qquad\qquad (III.16)$$

La figure 3.17 ci-après représente le bus DC.

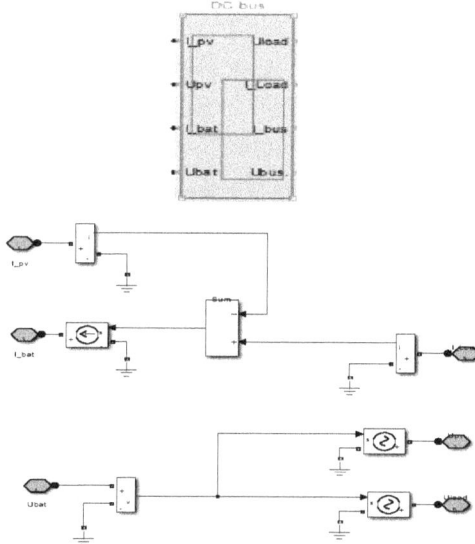

Figure 3.17: Modèle REM du bus continu

171

- Commande de la chaîne photovoltaïque:

On élabore la tension V_{mppt}, en fonction des données météorologiques et des caractéristiques du panneau (V_{co} = 42,8, coefficient de température = 0,077, nombre de panneaux en série) comme le montre la figure 3.18 suivante.

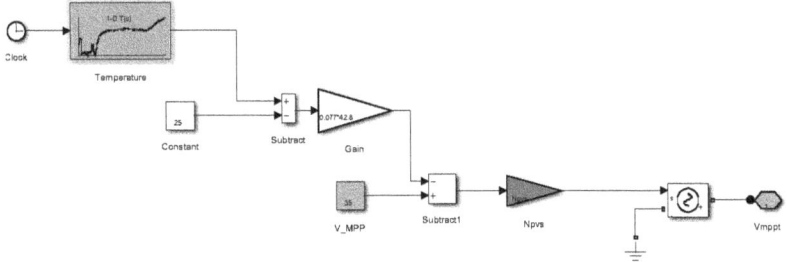

Figure 3.18: Elaboration de la tension Vmppt

Cette tension est divisée par la tension du bus afin de générer le rapport cyclique de la commande du hacheur, comme indiqué sur la figure 3.19 suivante.

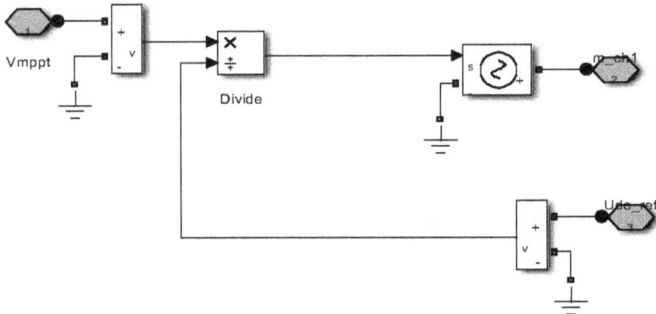

Figure 3.19: Modèle REM de la commande du hacheur du PV

- Commande de la chaîne de la batterie :

La tension Vbat_ref divisée par la tension du bus permet de calculer le rapport cyclique du hacheur comme indiqué sur la figure 3.20

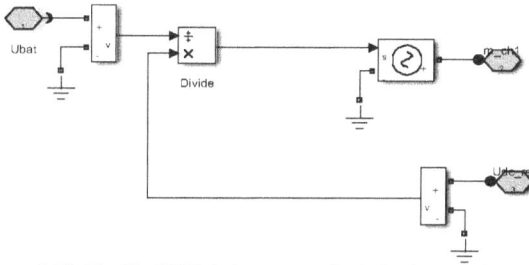

Figure 3.20: Modèle REM de la commande du hacheur de la batterie

3.4.5.2. Principe de l'optimisation du contrôle sans gestion de l'énergie

L'optimisation du contrôle consiste avec la même fonction objectif (coût annualisé du système) à déterminer, en premier lieu la meilleure combinaison possible permettant de satisfaire la demande en énergie. En second lieu, une autre optimisation mettra l'accent, sur la gestion de l'énergie. Les composantes à déterminer sont:

- le nombre de panneaux en parallèle: N_{pvp},
- le nombre de batteries en parallèle: N_{batp},
- le nombre de hacheurs pour les panneaux: N_{pvchop},
- le nombre de hacheurs pour les batteries: $N_{batchop}$.

NB: les nombres de panneaux et de batteries en série sont fixés d'avance en fonction de la tension à l'entrée des hacheurs désirée. Aussi, pour simplifier au mieux la commande, un seul type de panneau photovoltaïque a été utilisé (SP 130).

3.4.5.2.1. Résultats de l'optimisation des constituants de puissance

Le tableau 3.5 ci-dessous montrent les résultats de l'optimisation des composantes citées plus haut.

173

Tableau 3.5: Résultats de l'optimisation de la commande (composantes de puissance)

Taux de panne batteries et hacheurs	N_{pvp}	N_{batp}	N_{pvch}	N_{batch}	ACS (€)	Npvs	Nbats	SOC_ Init %	SOC_ Final %	Delta_ P_ neg (kW)	Delta_ p_ pos (kW)
0%	15	15	2	7	35251	9	14	53	59	0	0

On remarque que pour un niveau de charge de 53%, en début de journée, on obtient un SoC final légèrement supérieur au SoC initial 59% et 53%. Elle comporte 210 batteries et 135 panneaux PV. Son coût est de 35251 €

L'analyse des résultats du tableau 3.5 de cette optimisation, notamment les nombres de composantes permet de constater que pour un taux de panne de 0%, il faut 15 packs de panneaux photovoltaïques en parallèle et 9 en série. Cela correspond à 135 panneaux solaires de 130Wc. La puissance installée équivalente est alors égale à 17550 Wc. Pour les batteries, il faut 210 batteries de de 75Ah.

La figure 3.21 ci-dessous montre l'évolution de la charge P_{load}, de la puissance produite par le générateur photovoltaïque et de l'état de charge des batteries pour N_{pvp} =15, N_{batp}=15, N_{pvchop} = 2, $N_{batchop}$ = 9, N_{pvs} = 14, N_{bats} = 14, SoC_init = 53% et SoC_final = 59%.

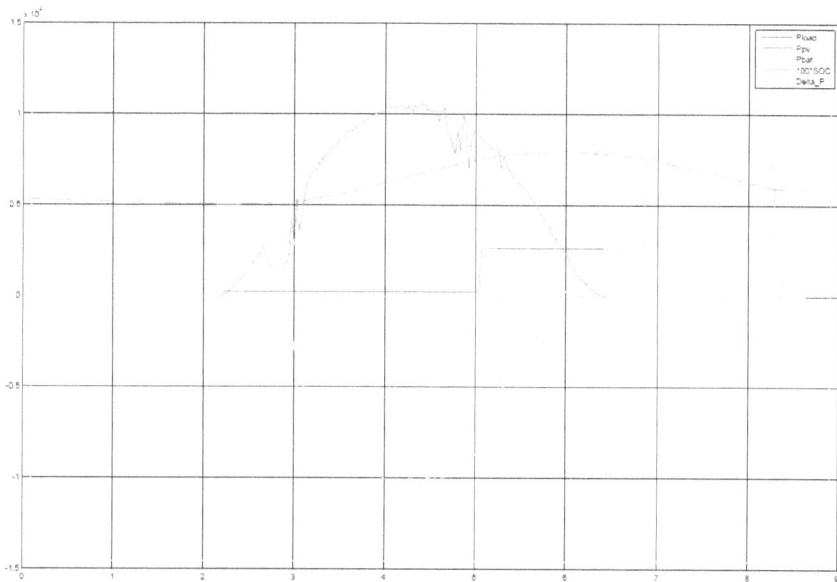

Figure 3.21: Evolution de la charge Pload, de Ppv, de Pbat et du SoC

3.4.5.3.   Principe de l'optimisation du contrôle avec gestion de l'énergie

Cette optimisation intègre un gestionnaire d'énergie de type « Battery Management System » en State Flow. Ce dispositif permet de gérer les modes « surcharge » (Over Charged Battery) et « déficit » (Under Charged Battery). Autrement dit, l'optimisation permet d'identifier les deux cas suivants:

- si Delta_P > 0: cas de surdimensionnement, on constitue une « réserve » en cas de forte demande
- si Delta_P < 0 : déficit de production, il faut procéder à un délestage

Le dispositif utilisé (State flow) est représenté par la figure 3.22 suivante

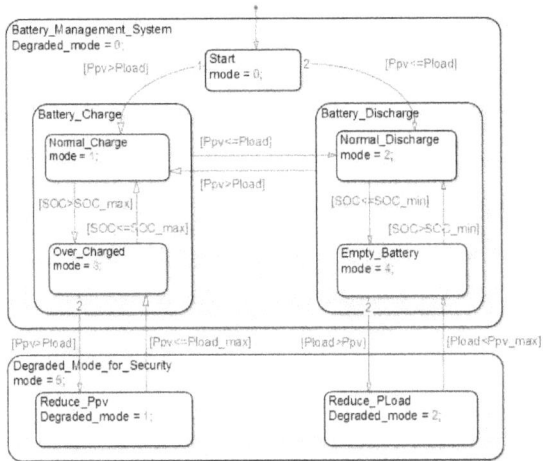

Figure 3.22: Dispositif de gestion du flux de l'énergie

Ce dispositif met en évidence le fonctionnement en mode « dégradé » (Delta_P < 0) et le fonctionnement en mode « normal » (Delta_P > 0). Par ailleurs, il comporte un « sécurité » qui arrête la simulation si le SoC atteint certaines valeurs.

Le tableau 3.6 ci-dessous présente les solutions de cette optimisation.

Tableau 3.6: Résultats d'optimisation de la commande pour Delta_P_neg = -1.147

N_{pvp}	N_{batp}	N_{pvch}	N_{batch}	Npvs	Nbats	ACS (€)	SOC_Init %	SOC_Final %	Delta_P_neg (kW)
16	17	8	2	13	9	48286	63	71	0

La solution retenue, le nombre de panneaux est plus important (208), avec moins de batteries (153). Pour un état de charge initial de 63%, on atteint 71% en fin de journée. Elle est plus coûteuse mais garantit l'alimentation normale de la charge avec un Delta_P est nul.

Elle représente un surcout d'environ 4,5% (environ 110 F CFA par mois et par famille), mais garantit une satisfaction des besoins à 100%.

Conclusion

Dans ce chapitre, nous avons appliqué notre méthodologie de dimensionnement à un site isolé choisi au Sénégal. Nous avons, dans un premier temps procédé au pré dimensionnement de la centrale hybride. Pour cela, nous avons utilisé l'algorithme génétique de la boite à outils de Matlab/Simulink. Deux options s'offraient à nous : un système centralisé avec une mutualisation des sources, et une alternative qui consiste à doter chaque concession d'un système dit familial. Il s'est avérer que du point de vue coût du système, la solution la meilleure est dans la mutualisation. Aussi, il est à noter que les meilleures solutions n'intègrent pas l'éolienne. Cela signifie que l'exploitation de l'énergie éolienne dans ces conditions n'est pas efficiente. Toutefois, la solution avec éolienne, bien que plus chère, permet de réduire la taille des batteries et celles du générateur photovoltaïque.

Dans un second temps, nous avons procédé à l'optimisation de la commande du système. Pour cela, une première optimisation au tour de la fonction objectif coût du système a permis de dimensionner les composantes de puissance. La détermination des puissances installées a permis de noter quelques différences par rapport au premier dimensionnement. La deuxième optimisation de la commande a plutôt intéressé le dispositif de gestion de l'énergie. Le choix de la combinaison est justifié par la réserve d'énergie souhaitée. En effet, il est important pour un tel système de pouvoir faire face à la demande pendant les périodes de forte sollicitation. Le coût du système se trouve néanmoins affecté.

Conclusion générale et perspectives

Nous avons dans ce rapport présenté nos travaux portant sur la conception d'un site isolé de production d'énergie électrique à partir d'énergies alternatives. Le travail a consisté à partir des caractéristiques d'un site donné (ressources disponibles, besoins énergétiques) à mettre en place une démarche permettant le choix d'une architecture de réseau (micro-réseau), de proposer un prédimensionnement optimal de l'ensemble des constituants du réseau (au sens de la minimisation du coût de l'énergie produite), et enfin de concevoir la commande pour assurer le pilotage des composants et la gestion du flux d'énergie.

Pour situer le contexte de l'étude, nous avons présenté dans le chapitre 1, la situation de l'énergie au Sénégal, en particulier celle de l'électricité. Cette situation est caractérisée par une forte dominance des produits pétroliers malgré un potentiel en énergies renouvelables très important. Aussi, malgré des efforts notés depuis plus d'une décennie, le taux de couverture national reste encore faible, la disponibilité de l'énergie est encore insuffisante et le coût reste encore élevé malgré les subventions importantes de l'état qui soutient l'entreprise publique. Autrement dit la fourniture de l'énergie électrique dans les zones éloignées des grands centres urbains reste un problème encore ouvert.

Dans le chapitre 2, une revue des outils et logiciels a été présentée. Cette revue nous a permis de notre que malgré la multitude des outils développés dans le cadre de l'étude des micro-réseaux, le logiciel Matlab/Simulink® s'adapte mieux à notre probématique car il offre une grande souplesse pour la modélisation et dispose d'outils intégrés qui facilitent la simulation et l'analyse. Dans ce même chapitre, nous avons également procédé à une présentation succincte des principaux outils de représentation pour la modélisation et la commande. Parmi ces outils, notamment ceux qui s'appuient sur des formalismes graphiques tels que le Bond Graph (BG), le Graphe Informationnel Causal (GIC) et la Représentation Energétique Macroscopique (REM), nous avons opté pour cette dernière qui est bien adaptée à notre problématique et pour lequel nous disposons d'une expérience. Nous avons également présenté dans le chapitre 2 diverses techniques d'optimisation. Cela nous a permis de retenir l'algorithme génétique pour notre application.

Le chapitre 3 dédié à l'application présente le site retenu (le village de MBoro/Mer) sur la grande côte du Sénégal pour sa situation géographique et la diversité de ses ressources énergétiques. Nous avons analysé les ressources, présenté les critères retenus pour l'optimisation à savoir le coût annualisé, l'état de charge des batteries, le taux de panne et la disponibilité de l'énergie. Nous avons également présenté les modèles utilisés pour le prédimensionnement et le contrôle ainsi que l'architecture retenue pour le micro-réseau.

L'optimisation ainsi réalisée nous a permis de déterminer les constituants du micro-réseau en termes de nombre et de taille. Elle a aussi permis de choisir la meilleure architecture du réseau en termes de coût garantissant la satisfaction de la demande des populations. Les résultats obtenus ont montré que la solution peut être compétitive au regard du coût actuel de l'énergie vendue par la compagnie nationale d'électricité. Outre la détermination de la meilleure combinaison en terme de coût, l'optimisation a aussi permis de constater que pour un tel réseau, il est plus avantageux de disposer d'un système hybride centralisé au lieu des « systèmes familiaux individuels » couramment utilisés au Sénégal.

Ce travail peut être poursuivi dans plusieurs directions.

Dans un premier temps, il faudrait approfondir l'enquête sur les besoins en énergie pour inclure dans la courbe de charge les activités commerciales liées à la conservation et la transformation des produits de la pêche. Il faudra alors étudier attentivement les conséquences de l'indisponibilité de l'énergie afin d'envisager le recours à une solution de secours avec un groupe électrogène. Ces deux points obligeront à reformuler le problème d'optimisation.

Dans ces zones éloignées des centres urbains, l'entretien et la maintenance peuvent être critiques du fait de l'absence de personnel qualifié et de la disponibilité des équipements. Il faut alors évaluer la robustesse de la solution optimisée vis à vis des taux de panne des composants les plus sensibles. Cette étude peut être complétée par une approche *a priori* en incluant la fiabilité dès la phase de conception, ce qui peut conduire à envisager la redondance matérielle dans l'architecture du micro-réseau. En parallèle, il faut développer des méthodes simples mais efficaces de surveillance (détection et diagnostic de défauts) et de reconfiguration.

Enfin, on peut envisager l'intégration des modèles dynamiques afin d'étudier les régimes transitoires sur les performances du contrôle et particulièrement en cas de défauts et ce d'autant plus si on envisage de coupler des micro-réseaux ou de coupler le micro-réseau au réseau public.

Enfin le contexte énergétique est en pleine mutation au Sénégal avec une demande croissante et un développement des unités de production autonomes à énergie conventionnelle. L'étude des systèmes autonomes devrait donc être d'un grand intérêt pour le gestionnaire de réseau.

Il faudra également intégrer un volet socio-économique pour étudier l'impact de l'évolution des activités des habitants sur le dimensionnement du réseau ainsi que son acceptabilité

Références bibliographies

A:

[Ackl et al-2001] T. Ackermann, G. Andersson, L. Söder "Distributed generation: a definition", Electric Power Systems Research Volume 57, Issue 3, 20 April 2001, Elsevier, Pages 195–204

[Belf-2009] R. Belfkira "Dimensionnement et optimisation de centrales hybrides de production d'énergie électrique à base d'énergies renouvelables : application aux sites isolés » thèse de doctorat soutenue en 2009

[Bous-2003] A. Bouscayrol " Formalismes de Représentation et de Commande appliqués aux systèmes électromécaniques multi machines multi convertisseurs" rapport de synthèse HDR, 2003

[Abou et al-1991] Abouzahr, I., Ramakumar, R., "Loss of power supply probability of stand-alone photovoltaic systems: a closed form solution approach" IEEE Transactions on Energy Conversion 6, 1991, pp. 1–11.

[Abou et al-1990] Abouzahr, I., Ramakumar, R, "Loss of power supply probability of stand-alone electric conversion systems: a closed form solution approach". IEEE Transactions on Energy Conversion 5, 1990, pp. 445– 452.

[Acke-2005] T. Ackermann "Wind Power in Power System" Copyright _ 2005 John Wiley & Sons, Ltd, The Atrium, Southern Gate, Chichester, West Sussex PO19 8SQ, England

[Aeolos-2013] AELOS Wind Turbine, http://www.windturbinestar.com/eolienne-1kw.html

[Agus et al-2006] J. L. Bernard - Agustín, R. Dufo-Lopez, D. M. Rivas-Ascaso, "Design of isolated hybrid systems minimizing costs and pollutant emissions", Renewable Energy, Vol. 32, No. 24, November 2006, pp. 2227-2244

[Agus et al-2009] J. L. Bernard - Agustín, R. Dufo-Lopez "Simulation and optimization of stand-alone hybrid renewable energy systems" Renewable and Sustainable Energy Reviews 13 (2009) pp. 2111–2118

[Ahma-2010] E. Ahmar "Comparaison de différentes méthodes avancées de traitement de signal pour la détection et le diagnostic de défauts dans les machines asynchrones : Application aux éoliennes" thèse de doctorat soutenue en 2010

[Alliot et al-2005] J.M. Alliot, N. Durand "Algorithmes génétiques", March 14, 2005

[ARE-2012] Alliance for Rural Electrification "Hybrid power systems based on renewable energies: a suitable and cost-competitive solution for rural electrification" Brochure, http://www.ruralelec.org/6.0.html, Page 7

[ASER-2013] Agence sénégalaise d'électrification rurale, www.aser.sn, visité en mai 2013.

[Asmu -2010] P. Asmus, "Microgrids, Virtual Power Plants and Our Distributed Energy Future" Elsevier, The Electricity Journal, Volume 23, Issue 10, December 2010, Pages 72–82

[Avr-2003] M. Avriel "Nonlinear Programming: Analysis and Methods". Dover Publishing ISBN 0-486-43227-0, 2003.

B:

[Bahg et al-2005] A.B.G. Bahgat, N.H. Helwa, G.E. Ahmad and E.T. El Shenawy, "Maximum Power Point Tracking Controller for PV Systems Using Neural Networks", Renewable Energy, Vol. 30, N°8, pp. 2257 – 2268, 2005

[Battery MAR-2013] Battery MART, http://www.batterymart.com/p-12v-75ah-sealed-lead-acid-battery.html

[Belt et al-2008] B. Beltran, T. A. Ali, and M. E . H. Benbouzid "Sliding Mode Power Control of Variable-Speed Wind Energy Conversion Systems" IEEE TRANSACTIONS ON ENERGY CONVERSION, VOL. 23, NO. 2, JUNE 2008

[Bern et al-1980] R. Bernard, M. Menguy, M Schwartz, "Le rayonnement solaire, Conversion-Application", Technique et documentation, 1980

[Bern et al-2009] J.L. Bernal, A. R. D. Lopez "Simulation and optimization of stand-alone hybrid renewable energy systems" Renewable and Sustainable Energy Reviews 13 (2009) 2111–2118.

[Bert-1995] D. P. Bertsekas, "Nonlinear Programming". Athena Scientific. ISBN1-886529-14-0, 1995

[Boul-2009] L. Boulon "Modélisation multi physique des éléments de stockage et de conversion d'énergie pour les véhicules électriques hybrides. Approche systémique pour la gestion d'énergie" Thèse de doctorat Université Franche Comté 2009

[Bous-2002] A. Bouscayrol, P. Delarue "Simplifications of the maximum control structure of a wind energy conversion system with an induction generator". International Journal of Renewable Energy Engineering (IJREE) – August 2002, vol. 4, no. 2

[BP-2013] BP SOLAR, http://www.solarcellsales.com/techinfo/docs/BP2.pdf

C :

[ceere-2013] http://www.ceere.org/rerl/projects/software/hybrid2 visité en 2013

[Cocc et al-1990] A. Cocconi and W. Rippel, 'Lectures from GM Sunracer Case History, Lecture 3-2: the Sunracer Power Systems', Number M-202, Society of Automotive Engineers, Inc., Warderendale, PA, 1990

[Conn et al-2010], D. Connolly, H. Lund, B.V. Mathiesen, and M. Leahy, "A review of computer tools for analysing the integration of renewable energy into various energy systems", Elsevier Science Direct, Applied Energy 87, pp. 2059-2082, 2010

D :

[Dele-2012] S. Delenclos "L'énergie éolienne" http://gte.univ-littoral.fr/sections/documents-pdagogiques/energies-renouvelables/cours-eoliennes-2011/downloadFile/file/Cours_eoliennes_2011-2012.pdf?nocache=1332168708.41

[Deme-2012] V. Demeusy "Dimensionnement d'un système hybride photovoltaïque / groupe électrogène avec le logiciel HOMER"http://homerenergy.com/pdf/HOMER_mode_demploi .pdf

[Demo-2010] C. Demoulias, "A new simple analytical method for calculating the optimum inverter size in grid connected PV plants", Elsevier Science Direct, Electric Power Systems Research, pp. 1197–1204, 2010

[Diaf et al-2007] S. Diaf, D. Diaf, M. Belhamel, M. Haddadi, and A. Louche, "A methodology for

[Dial-2012] S. Diallo "exercices de formation sur LEAP" décembre 2012

[Dohn-2011] R. L. Dohn "The business case for microgrids" Siemens, White paper: The new face of energy modernization 2011

[Doman-2011] L.E. Doman "World energy demand and economic outlook" journal U.S. Energy Information Administration, International Energy Outlook, 2011, Page 1 à 7

[Dunl – 1997] J. P. Dunlop, "Batteries and Charge Control in Stand-Alone Photovoltaic Systems Fundamentals and Application", Sandia National Laboratories, pp. 1-70, Jan. 1997

[Dura-2004] N. Durand "Algorithmes génétiques et autres outils d'optimisation appliqués à la gestion de trafic aérien", 2004

[Dürr et al-2006] M. Dürr, A. Cruden, S. Gair, J.R. McDonald "Dynamic model of a lead acid battery for use in a domestic fuel cell system" Elsevier Science Direct, Journal of Power Sources 161 February 2006 pp. 1400–1411

E :

[Eich-2008] B. Eichler "Rapport de synthèse sur l'enquête sur le potentiel de vent et le rendement énergétique du parc éolien envisagé" version 1 novembre 2008, http://www.giz.de/Themen/en/dokumente/fr-parceolien-kayar-potou-2008.pdf

[Erdi et al-2009] O. Erdinc, B. Vural and M. Uzunoglu "A dynamic lithium-ion battery model considering the effects of temperature and capacity fading" Clean Electrical Power, 2009 International Conference, 9-11 june, pp 383-386

F:

[Fara et al-2008] R. Faranda, S. Leva "Energy comparison of MPPT techniques for PV Systems", WSEAS TRANSACTIONS on POWER SYSTEMS, e 6, Volume 3, June 2008, pp. 446-455

[Fink-2003] D. E. Finkel "DIRECT Optimization Algorithm User Guide" 2 mars 2003

G:

[Gawt-1995] P. J. Gawthrop. Bicausal bond graphs. In F. E. Cellier and J. J. Granda, editors, Proceedings of the International Conference On Bond Graph Modeling and Simulation (ICBGM'95), volume 27 of Simulation Series, pages 83-88, Las Vegas, U.S.A., January 1995. Society for Computer Simulation

[Giro-2000] J. Girod, "Le développement énergétique en Afrique Subsaharienne, après l'ère des réformes", Octobre 2010, Page 63.

[Gold-1989] D. Goldberg "Genetic Algorithms". AddisonWesley, 1989. ISBN: 0-201-15767-5

[Gond et al-2012] I. A. Gondal, and M. H. Sahir, "Review of Modelling Tools for Integrated Renewable Hydrogen Systems", 2nd International Conference on Environmental Science and Technology, IPCBEE vol.6, pp 355-359, 2012

[Green et al-1995] H. J. Green, J. Manwell, "HYBRID2 – A versatile model of the performance of hybrid power systems", WindPower'95, Washington DC, March 27-30, 2995

H :

[Hajj-2005] O. Hajji, S. Brisset, F. Wurtz, P. Brochet J. Fandino, "Comparaison des méthodes stochastiques et déterministes pour l'optimisation de dispositifs électroniques", Revue Internationale de Génie Electrique (RIGE), vol. 8, 2005, pp. 241-258.

[Haki et al-2008] S.M. Hakimi, S.M. Moghaddas-Tafreshi "Optimal sizing of a stand-alone hybrid power system via particle swarm optimization for Kahnouj area in south-east of Iran" Renewable Energy 34 (2009) pp.1855–1862

[Hartz-2010] N. Hatziargyriou "MICROGRIDS – Large Scale Integration of Micro-Generation to Low Voltage Grids", 2010, http://www.microgrids.eu/micro2000/presentations/19.pdf

[Haut-1996] J.P Hautier, J. Faucher "Le Graphe Informationnel Causal" Bulletin de l'Union des Physiciens,vol 90, pp 167-189 juin 1996

[HAZE-2013] http://www.europa-batteries.com/documentations/fr/TECH_AGM_ou_GEL_FR.pdf

[Hoga-2013] http://www.unizar.es/rdufo/hoga-eng.htm

[Hohm et al-2000] D.P.Hohm and M.E.Ropp, "Comparative Study of Maximum Power Point Tracking Algorithms Using an Experimental, Programmable, Maximum Power Point Tracking Test Bed," in Proc. Photovoltaic Specialist Conference ,2000, pp. 1699-1702.

[Hola-1975] J. H. Holand, "An efficient Adaptation in natural and artificial system", Ann Arbor,

[Hong et al-2007] H .X Yang, L. Lu, W. Zhou, "A novel optimization sizing model for hybrid solar–wind power generation system". Solar Energy 81 (1), 2007 pp.76–84.

[Hong et al-2007] H. Yang, W. Zhou, L. Lu, Z. Fang "Optimal sizing method for stand-alone hybrid solar–wind system with LPSP technology by using genetic algorithm" Received 12 March 2007; received in revised form 7 August 2007; accepted 14 August 2007 Available online 19 September 2007 Communicated by: Associate Editor M. Patel

[Husn et al-2012] A.W.N. Husn, S.F. Siraj, M.Z.Ab Muin "Modeling of DC-DC Converter for Solar Energy System Applications" 2012 IEEE Symposium on Computers & Informatics

[Huss et al-2005] K.H. Hussein, I. Muta, T. Hoshino and M. Osakada, 'Maximum Photovoltaic Power Tracking: An Algorithm for Rapidly Changing Atmospheric Conditions', IEE Proceedings transmission and Distribution, Vol. 242, N°2, pp. 59 – 64, Januar 2005.

I:

[IEA-2002] International Energy Agency, "Distributed Generation in Liberalized Electricity Markets", 2002, Page 19, http://gasunie.eldoc.ub.rug.nl/FILES/root/2002/3125958/3125958.pdf

[Insel-2013] http://www.insel.eu visité en 2013

J:

[Jime et al-2010] J. Jimeno, J. Anduaga, J. Oyarzabal, A. G. de Muro "Architecture of a microgrid energy management system" European transactions on electrical power Euro. Trans. Electr. Power 2011; published online 26 April 2010

[Jonk et al-2005] J. M. Jonkman, M. L. Buhl Jr "FAST User's Guide" Technical Report NREL/EL-500-38230 August 2005

K :

[Kane-2012] S. Kane, Directeur Général SENELEC, " rapport annuel SENELEC 2010 " http://www.senelec.sn/images/rapportannuel2010.pdf

[Kebe et al-2012] A. Kebe, S. Phrakonkham, G. Remy, D Diallo, C Marchand "Optimal Design of a renewable energy power plant for an isolated site in Senegal" Renewable Energies and Vehicular Technology (REVET), 2012 First International Conference on Hammamet, 26-28 March 2012, pp. 336 - 343

[Kirk_1983] S. Kirkpatrick, C. D. Gelatt, Jr. M. P. Veccbi, "Optimization by simulated annealing",

[Kiru et al-2008] C. Kirubi, C. et al., "Community-based electric microgrids can contribute to rural development: Evidence from Kenya" World Development journal, july 2009, Pages 1208 à 1221

L :

[Laug et al-1981] A. Laugier, J.A. Roger "Les photopiles solaires"- Technique et documentation, 1981

[LEAP-2013] "LEAP – Long-Range Alternative Energy Planning", http://www.energycommunity.org visité en 2013

[Lhom-2007] W. Lhomme "Gestion d'énergie de Véhicules électriques hybrides basée sur la

[Li – 2009] C. H. Li, X. J. Zhu, G. Y. Cao, S. Sui, and M. R. Hu, "Dynamic modeling and sizing

[Li et al-2011] S. Li, B Ke "Study of Battery Modeling using Mathematical and Circuit Oriented Approaches" Power and Energy Society General Meeting, Conference: 24-29 July 20112011 IEEE

[Lopez et al-2005] R. Dufo-Lopez, and J. L. Bernal-Agustin, "Design and control strategies of PV–diesel systems using genetic algorithms", Elsevier, Science Direct, Solar Energy (79), pp. 33–46, 2005145

[López et al-2005] R. Dufo-López, J. L. Bernard-Agustín, "Design and control strategies of PV-Diesel systems using genetic algorithms", Solar Energy, Vol. 79, 2005]

[López et al-2007] R. Dufo-López, J. L. Bernal-Agustín, J. Contreras, "Optimization of control strategies for stand-alone renewable systems with hydrogen storage", Renewable Energy, Vol.32, Issue 7, pp. 2202-2226, June 2007

[Lopez et al-2008] R. Dufo-Lopez, and J. L. Bernal-Agustin, "Influence of mathematical models in design of PV-Diesel systems", Elsevier, Science Direct, Energy Conversion and Management (49), 2008, pp. 820–831

[Lopez et al-2009] R. Dufo-Lopez, J. L. Bernal-Agustin, and F. Mendoza, "Design and economical

[Luer-2004] M. A. Luersen, "GBNM : Un Algorithme d'Optimisation par Recherche Directe :

M:

[Manw et al-2006] J. F. Manwell, A. Rogers, G. Hayman, C. T. Avelar, J. G. McGowan, "Hybrid2 – a hybrid system simulation model, Theory manual", National Renewable Energy Laboratory, Subcontrat No. XL-22226-2-2 juin 2006

[Math-2009] "Mathworks", http://www.mathworks.com

[Mire-2005] A. Mirecki "Etude comparative de chaînes de conversion d'énergie dédiées à une éolienne de petite puissance", thèse de doctorat soutenue en 2005.

[Mitr et al-2008] I. Mitra, T. Degner, M. Braun "Distributed generation and microgrids for small island electrification", SESI JOURNAL Vol. 18 No. 1 January-June 2008, http://www.iset.uni-kassel.de/abt/FB-A/publication/2008/2008_Mitra_Sesi.pdf

[Morg et al-1997] T. R. Morgan, R. H. Marshall, B. J. Brinkworth, "ARES a refined simulation program for the sizing and optimization of autonomous hybrid energy systems", Solar Energy 1997, Vol. 59 (4-6), pp. 205-225

N :

[Ndiaye et al-2012] A. NG. Ndiaye Ministre de l'Energie et des Mines, A. Kane, Ministre de l'Economie et des Finances, Sénégal "Lettre de Politique de Développement du Secteur de l'Energie", octobre 2012, http://www.crse.sn/upl/LettrePolitique-2012.pdf

[Ndiaye-2007] L. Ndiaye "Note de synthèse travaux parc éolien de Saint Louis" Septembre 2007, http://www.sieenergie.gouv.sn/IMG/pdf/note_synthese_travaux_parc_eoliens_s eptembre_2007.pdf

[Niang-2006] A. Niang "Rural electrification in Senegal" Rural Electrification Workshop March 1-3, 2006 Nairobi, http://www.globalelectricity.org/Projects/RuralElectrification/Nairobi/Day-1_fichiers/Case%20Study%20ASER%20Senegal.pdf

O:

[Ortj et al-2008] E. Ortjohann, M. Lingemann, O. Omari, A. Schmelter, N. Hmasic, A. Mohd, W. Sinsukthavorn, D. Morton, "Modular architecture for decentralized hybrid power systems", 13th Int. Power Electronics and Motion Control Conference (EPE-PEMC 2008), Pages 2134 – 2141.

P:

[Pepe et al-2005] G. Pepermans, J. Driesen, D. Haeseldonckx, R. Belmans, W. D'haeseleer "Distributed generation: definition, benefits and issues, energy policy" Elsevier, Journal Energy Policy, Volume 33, Issue 6, April 2005, Pages 787–798

[Phra et al-2009] S. Phrakonkham "Review of Micro-Grid Configuration and Hybrid System Optimization Software Tools Application to Laos", 2009

[Phra et al-2010] S. Phrakonkham, J.Y. Lechenadec, D. Diallo, G. Remy, C. Marchand, "Review of microgrid configuration and dedicated hybrid system optimization software tools: Application to Laos", Engineering Journal, Vol.14, Issue 3, July 2010, pp. 15-34.

[Phra-2012] S. Phrakonkham "Contribution au pré dimensionnement et à l'optimisation de production d'énergie électrique en site isolé à partir des énergies renouvelables : Application au cas du Laos", Thèse de doctorat soutenu au LGEP, en 2012

R :

[Rebr-1999] P. Rebreyend "Algorithmes génétiques hybrides en optimisation combinatoire", Thèse de doctorat soutenue en 1999

[Remy et al-2009] G. Remy, O. Bethoux, C. Marchand, H. Dogan, "Review of MPPT Techniques for Photovoltaic Systems", 2nd International Conference on Energy and Environmental Protection in Sustainable Development, Hebron, IL, November 2009, pp. 2-24, 2009

S:

[Rets-2] http://www.retscreen.net/fr/home.php

[Ross-2005] M.M.D. Ross, D. Turcotte, S. Roussain, "Comparison of AC, DC, AC/DC bus configurations for PV hybrid systems", SESCI 2005 conference, Burnaby British Columbia, Canada, 20-24 Août 2005

[Sanc-2010] R. Sanchez " Application des Bond graphs à la modélisation et à la commande de réseaux électriques à structure variable" Thèse de doctorat soutenue en 2010

[Sarr et al-2008] S.A. Sarr Ministre de l'Energie, A. Diop Ministre de l'Economie et des Finances, "Lettre de Politique de Développement du Secteur de l'Energie" février 2008, Sénégal, http://www.crse.sn/upl/LettrePolitique-2008.pdf, Sénégal, 2008

[SEN-2013] SENELEC, www.senelec.sn visité en mai 2013

[SENa-2013] SENELEC, " Bilan des activités de SENELEC 2011-2013",
http://www.crse.sn/upl/BilanSenelec2011-2013.pdf

[SIE-2007] Ministère de l'énergie Sénégal, "Rapport 2007 du Système
d'Information Energétique du Sénégal", 2007, http://www.sie-
energie.gouv.sn/IMG/pdf/Rapport_SIE_Senegal_07.pdf.

[SIE-2010] Ministère de l'énergie Sénégal, "Rapport 2010 du Système
d'Information Energétique du Sénégal", Rapport 2010, http://www.sie-
energie.gouv.sn/spip.php?rubrique9.

[Siem-2011] SIEMENS, "microgrids white paper ", 2011,
http://www.energy.siemens.com /hq /pool/hq/energy-topics/smart-
grid/documents/3558_White% 20 paper%20Microgrids_EN_LR.pdf

[SIEM-2013] SIEMENS,
http://www.solarcellsales.com/techinfo/docs/SP130A.pdf

[Sow-2010] A. Sow "Missions et objectifs de l'ASER pour une électrification
globale du Sénégal"
http://www.riaed.net/IMG/pdf/Presentation_du_Senegal_1107.pdf,

[Star et al-2008] M. Starke, F. Li, L. M. Tolbert, B. Ozpineci, "AC vs. DC
Distribution: maximum transfer capability" Power and Energy Society General
Meeting - Conversion and Delivery of Electrical Energy in the 21st Century,
2008 IEEE, Pittsburgh, PA , 20-24 July 2008, Pages 1-6

T:

[Trem et al-2007] O. Tremblay, L. A. Dessaint, A – I. Dekkiche "A Generic
Battery Model for the Dynamic Simulation of Hybrid Electric Vehicles",
Vehicle Power and Propulsion Conference, 9-12 Sept. 2007. VPPC 2007, IEEE,
pp. 284-289, 2007

[Turc-2001] D. Turcotte, M. Ross, F Sheriff "Photovoltaic hybrid system sizing
and simulation tools: status and needs", PV Horizon: Workshop on Photovoltaic
Hybrid System, Montreal, 10 Sept. 2001

V:

[Venk et al-2008] G. Venkataramanan, C. Marnay, "A larger role for microgrids' Power and Energy Magazine, IEEE Power and Energy Magazine, IEEE (Volume: 6, Issue: 3), May-june 2008, Pages 78-82

[Venk et al-2012] P T. Venkata, S.N.A.U Nambi, R. V. Prasad, I. Niemegeers, "Bond Graph Modeling for Energy-Harvesting Wireless Sensor" Published by the IEEE Computer Society Septembre 2012

[Verg et al-2003] M. Vergé, D. Jaume "Modélisation structurée des systèmes avec les Bond Graphs" EAN13 : 9782710808381 ISBN : 978-2-7108-0838-1 Éditeur : Technip Date Parution : 14/11/2003

[Vict-2013] http://www.mpis-fr.net/monenergiesolaire/Victron/BatteryAGM&GEL.pdf]

Y:

[Youm et al-2005] I. Youm, J. Sarr, M. Sall, A. Ndiaye, M.M. Kane "Analysis of wind data and wind energy potential along the northern coast of Senegal", Rev. Energ. Ren. Vol. 8, 2005, pp. 95 - 108

www.ingramcontent.com/pod-product-compliance
Lightning Source LLC
Chambersburg PA
CBHW021046210326
41598CB00016B/1117